发射场自动控制系统设计

亢 勇 主编

北京航空航天大学出版社

内 容 简 介

本书从发射场场区设施设备的控制系统技术发展过程和现状入手,介绍了典型测控对象类型组成、自动控制系统功能、控制模式要求、设计思想、管理模式、质量要求等要素及特性,并对自动控制系统理论基础和技术路线进行了总结,探讨了自动控制系统的标准化建设,以引导读者快速了解行业技术基础理论,设计流程、思路、方法和技巧,推动专业论证、设计标准化建设。

本书适用于从事自动控制系统论证设计的专业技术人员参考。

图书在版编目(CIP)数据

发射场自动控制系统设计 / 亢勇主编. -- 北京 :
北京航空航天大学出版社,2023.10
ISBN 978 - 7 - 5124 - 4200 - 9

Ⅰ. ①发… Ⅱ. ①亢… Ⅲ. ①航天器发射场－自动控
制系统－系统设计 Ⅳ. ①V552

中国国家版本馆 CIP 数据核字(2023)第 187167 号

发射场自动控制系统设计
亢 勇 主编
策划编辑 刘 扬 责任编辑 孙玉杰
*
北京航空航天大学出版社出版发行

北京市海淀区学院路 37 号(邮编 100191) http://www.buaapress.com.cn
发行部电话:(010)82317024 传真:(010)82328026
读者信箱:qdpress@buaacm.com.cn 邮购电话:(010)82316936
北京富资园科技发展有限公司印装 各地书店经销
*
开本:710×1000 1/16 印张:14.75 字数:332 千字
2024 年 3 月第 1 版 2024 年 3 月第 1 次印刷
ISBN 978 - 7 - 5124 - 4200 - 9 定价:79.00 元

前　言

　　航天发射场自动控制系统是为运载火箭和卫星提供测试和发射保障的重要系统。它涉及环境、供电、供气、吊装和加注等工艺系统的控制工作，是一系列跨越多专业、多学科，融合各类专业技术于一体的控制体系。它既有专业的继承特性，也有伴随需求扩展和技术发展而不断进步超越的特性。对于自动控制系统设计的专业人员来说，都要经历从对各个系统初步的认识理解、对各跨域技术的深度研究到将专业技术与工程实践充分融合，进而完成系统设计实现和技术创新的过程。

　　作者多年来一直深耕于航天发射场自动控制系统规划论证、设计和技术服务领域，有着深厚的技术底蕴和丰富的工程设计经验，对专业设计人员和一线工程技术人员的需求有较为深入的理解。因此，作者将在长期设计过程中的知识、经验结集成书。本书瞄准航天发射场自动控制工程技术人员的需求，内容力求简洁、减少冗杂的公式推导，注重概念分析和设计实践要求，让专业设计人员知道从哪里入手、要遵循哪些规约来完成设计任务。

　　全书共分为四部分。第一部分将航天发射场自动控制系统的技术基础进行分解、归纳，深入浅出地让读者了解自动控制的专业基础和理论技术，为读者从事设计工作打下基础。第二部分介绍了自动控制系统的设计技术要求，并以空调自动控制系统为例，概要介绍设计过程实现和需要考虑的因素。第三部分从自动控制系统设计管理入手，介绍了自动控制系统设计过程管理要求、专业设计内容和深度要求、图纸标准化设计要求等内容。第四部分从自动控制软件开发的角度，介绍了软件开发过程管理和编程规则要求，并对控制系统主控制器 PLC 软件编制规则和解决方案进行了介绍。

　　本书第一部分由亢勇、姬小峰编写，第二部分由亢勇编写，第三部分、第四部分由亢勇、李崧岳编写。

　　鉴于作者水平有限，书中难免存在不妥之处，敬请读者批评指正。

编　者
2023 年 5 月

目　　录

第二部分　航天发射场自动控制系统设计

第三部分　航天发射场自动控制设计管理

第一部分
航天发射场自动控制系统

　　航天发射场自动控制系统是由多种支撑技术相互交叉、渗透而形成的一门综合性的技术体系,所涉及的领域非常广泛。它是综合运用机械液压技术、总线技术、自动控制技术、计算机技术、智能仪表、传感测控技术、电力电子技术、接口技术、信息变换技术以及软件编程技术等群体技术,根据设备设计功能进行的整体集成。

第1章 概　述

航天发射场场区设备用于保障运载火箭和卫星在航天发射场测试发射过程中的环境、供电、供气、吊装和加注等工作,场区设备的建设依据是运载火箭和卫星对航天发射场的保障需求。随着信息技术、控制技术的发展,运载火箭和卫星在测试技术、控制策略、智能化程度方面均取得了大幅度发展,航天发射指挥控制人员对运载火箭和卫星保障环境信息的需求也不断增加。

为了满足运载火箭和卫星测试发射需求与指挥保障人员工作需要,发射场场区设备的建设不断向信息化和智能化方向发展。基于总线技术的双变频器冗余和支持多种接口的仪表,具有通信接口的软启动器和相序保护装置、现场总线、自动化仪表、共直流母线等设备不断被设计并应用在场区设备的各个系统和领域。

场区设备无论是从结构还是从技术原理上都在发生改变,在传统的设备中,系统只是根据操作人员指令简单地进行能量传递,反馈的信号只是指令执行前后的状态。而当前设备的特征是除要求对指令执行前后的设备状态进行监测外,还需对指令执行的过程进行监测,通过采用图形组态技术现场监测系统变得更为直观,监测信息通过设备通信接口被其他系统所使用,增加了系统结构的复杂程度。

设备数字化和信息化建设取得了大幅度发展,设备接口关系变得更为错综复杂,使得跨设备和跨系统的信息调用成为可能。软件技术和通信技术对场区设备的作用日趋重要,场区设备涉及的技术领域无论是从宽度还是从深度都发生了深刻变革。

各种新技术、新设备在带来便捷的同时,也增加了设备日常维护、故障排查和系统功能扩展等工作的难度。究其原因是新设备和新技术在场区设备中的使用,对设备操作、维修和管理人员的技术(能力)提出了新的要求。

从促进和提高场区设备的保障能力出发,对场区设备涉及的技术进行梳理归类,对不同场区设备的技术需求进行分析介绍,有利于提升专业设计人员的技术能力,也为场区设备专业人员开展学习训练提供指导。

1.1　场区设备技术特点

随着场区设备信息化的建设,以计算机技术、通信技术和控制技术为特征的信息技术(即所谓的"3C"技术:Computer、Communication 和 Control Technology)"渗透"到设备中,因此,单台(套)场区设备本身所涉及的技术领域呈现多元化,很难从涉及的专

业技术领域去界定。从技术结构来看,场区设备是一种将机械动力、控制和信息通信等
有关技术有机结合起来,以实现设备总体
功能和技术要求的系统设备,如图 1.1 所
示。从这个角度出发,其基本特征可概括
为:综合运用机械液压技术、总线技术、自
动控制技术、计算机技术、智能仪表技术、
传感测控技术、电力电子技术、接口技术、
信息变换技术以及软件编程技术等群体技
术,根据设备设计功能进行整体集成。

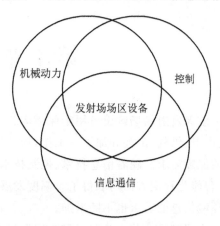

下面以电站为例说明场区设备的多技
术支撑和集成化的特点。

通常,电站由高压柜、低压柜、不间断
电源(UPS)、直流屏、变压器和后台系统

图 1.1 场区设备的总体技术结构

(前端测控装置、中间转换装置、通信装置和后台软件)组成。电站系统结构如图 1.2 所
示,测控装置负责采集现场数据和状态,并根据后台指令输出控制指令;负责模拟量和
触点信号与数字量数据之间的转换,同时通过现场总线、转换器、通信处理机和计算机
与后台图形组态软件进行通信。

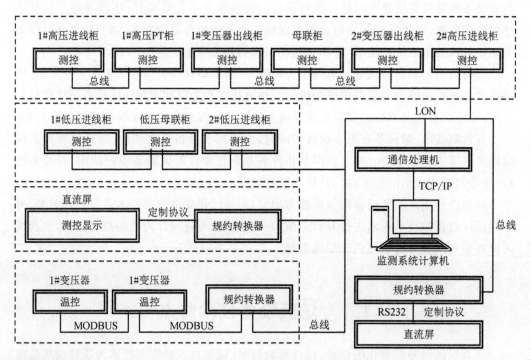

图 1.2 电站系统结构

　　从图 1.2 中可以看出,测控装置的型号、对外接口、协议均存在差异,但是通过规约转换器均作为总线上的一个节点。计算机与测控装置通过总线通信,电站后台开发平台实现变比、地址和权限等参数配置以及数据报表与数据曲线组态,并负责采集前端设备数据,通过设置实时库的方式与监测系统进行数据交换。

　　从图 1.3 中可以看出,电站所涉及的技术包括强电技术、弱电技术、电力电子技术、仪表技术、总线技术和软件技术等,不同技术之间的跨度较大。因此,可以说场区设备技术特点就是多种技术的融合集成,这些技术构成了场区设备技术体系的基础。后续部分的分析和介绍将场区设备涉及的技术统称为支撑技术。

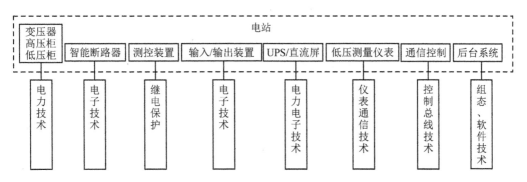

图 1.3　电站技术组成图

1.2　场区设备支撑技术分析的意义

　　如前所述,场区设备是在传统技术的基础上由多种支撑技术相互交叉、渗透而形成的一门综合性的技术体系,所涉及的领域非常广泛。要完成好场区设备从规划设计、生产建设到投入使用的日常维护、故障排查和改造升级,就必须了解并掌握这些支撑技术。

　　对场区设备支撑技术进行分析,根据分析结果归纳出场区设备的技术需求,根据支撑技术构成可以有目的地开展系统设计,使专业技术训练和专业岗位配属优化,进而提高航天发射场场区设备设计建设水平、日常维护质量、故障排查能力和改造升级可行性的论证水平。

1.3　场区设备支撑技术分析的方法

　　对场区设备支撑技术进行分析首先必须了解场区设备支撑技术的组成,通过归纳分析出所有场区设备的总体支撑技术;然后对设备总体支撑技术进行归纳,分析出共性支撑技术;最后对共性支撑技术进行对比分析,这有助于设计和使用专业人员技术(能力)状态的提升。图 1.4 为分析方法的逻辑顺序和阶段工作说明。

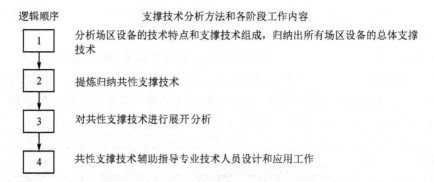

逻辑顺序 　　　　　　　　支撑技术分析方法和各阶段工作内容

1　　分析场区设备的技术特点和支撑技术组成,归纳出所有场区设备的总体支撑技术

2　　提炼归纳共性支撑技术

3　　对共性支撑技术进行展开分析

4　　共性支撑技术辅助指导专业技术人员设计和应用工作

图 1.4　分析方法的逻辑顺序和阶段工作说明

第 2 章　场区设备支撑技术

场区设备的建设依据是航天发射场使用需求,由于其功能的特殊性,直接选择单套设备或使用商品化的设备就可满足功能要求的现象几乎没有,因此只能通过系统设计和集成的方法实现需求的功能。相应的,场区设备支撑技术的组成也是一个技术集合,没有某一项技术能够完全包容场区设备所有的支撑技术。下面的分析将不再考虑场区设备管理上的分类,只针对场区设备本身的支撑技术展开分析,分析流程说明如图 2.1所示。

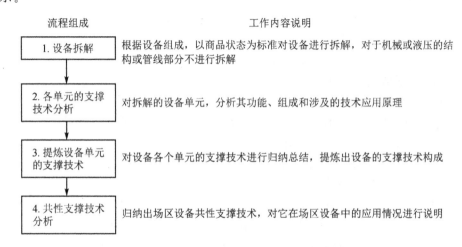

图 2.1　场区设备支撑技术分析流程说明

图 2.1 所提的商品状态是指设备在购置后直接安装并投入使用,不再进行改变其结构或原理的任何工作,比如变频器主机可作为一个拆解后的设备单元,但选配件则作为一个独立的设备单元(如编码器扩展卡和总线通信卡)。在拆解过程中,一些通用元器件(如继电器、接触器、普通断路器、熔断器等常用元件)将不会被单独拆解,统称为电气元件。

航天发射场场区设备涉及的专业跨度很大,包括高低压配电、空调、冷水、平台、摆杆、远控、起重机、消防、火灾报警、配气、加注、毒气报警、氧气质量浓度监测等设备。但即便是同等功能的场区设备,在结构和功能上也不可避免地存在着较大差异,导致的结果就是场区设备的支撑技术和技术保障需求也存在差异。鉴于这一特点,在对场区设备支撑技术进行分析的过程中,对于同一类型的场区设备统一进行支撑技术分析,对象为该类场区设备的最大配置模式,即可以覆盖航天发射场同类场区设备的配置模式。

2.1 空调系统

航天发射场空调系统主要用于保障运载火箭与卫星测试和发射准备过程中的环境参数条件(包括温度、湿度和洁净度),各测试区域因使用要求不同空调系统配置存在差别,但基本上都属于组合式工业中央空调系统。空调系统由冷热源和空调部分组成。制冷系统为空调系统提供所需冷量,用以抵消保障区域环境的冷负荷;制热系统为空调系统提供用以抵消保障区域环境热负荷的热量。

2.1.1 空调机组

空调机组主要由新风阀、回风阀、排风阀、过滤器、冷/热盘管、送风机、回风机、加湿器等组成。控制系统中的现场设备由现场控制器、新风温度传感器、新风湿度传感器、回风温度传感器、回风湿度传感器、送风温度传感器、送风湿度传感器、防冻开关、压差开关、电动调节阀、风阀执行器等组成。机组控制部分主要由控制器、触摸屏、采集显示仪表、继电器、接触器及其他电气元件组成。

航天发射场配置的空调机组在使用特点上主要包括以下 4 个方面:

① 空调机组采用可编程控制器(PLC)实现对机组功能段的动作控制。

② 机组控制系统采用触摸屏作为人机接口。

③ 机组上位机为航天发射场管控系统子站,负责将空调数据参数按约定格式上传至航天发射场管控系统。

④ 机组运行需要的冷水、热水(蒸汽)由外围冷水机组、换热器或锅炉提供。

空调机组功能段及测控管理示意图如图 2.2 所示(各空调机组根据使用的环境和保障要求不同,在功能段配置上存在差异,此处以典型配置模式进行分析和介绍)。

空调系统控制要求主要包括以下 7 个方面:

① 电动风阀与送风机、回风机联锁控制,当送风机、回风机关闭时,电动风阀(新风阀、回风阀、排风阀)都关闭;新风阀和排风阀动作同步,与回风阀动作相反;根据新风、回风以及送风熵值的比较,调节新风阀和回风阀开度。

② 当风机启动时,新风阀打开;当风机关闭时,新风阀同时关闭。

③ 当过滤网两侧压差超过设定值时,压差开关送出过滤器堵塞信号,中控计算机显示报警信号。

④ 当冬季温度太低时,防冻开关送出信号,风机和新风阀关闭,防止盘管冻裂;当防冻开关正常时,应重新启动风机,打开新风阀,恢复正常工作。

⑤ 送风温度传感器检测到送风温度实际值,与控制器设定的温度比较,经 PID 计算后,输出相应的模拟信号,控制风阀的开度,使实测温度达到设定温度。

⑥ 送风湿度传感器检测到送风湿度实际值,与控制器设定的湿度比较,经 PID 计算后,输出相应的模拟信号,控制加湿阀的开度,使实测湿度达到设定湿度。

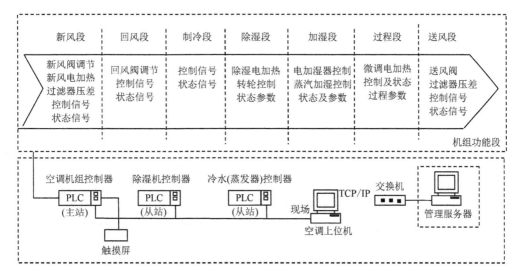

图 2.2 空调机组功能段及测控管理示意图

⑦ 送风机、回风机的启停顺序为:当启动时先开送风机,延时后开回风机;当停止运行时先关回风机,延时后关送风机。

由机组功能段结构可以看出,空调系统的正常运行还需有部分外围设备,如冷却水、热水(蒸汽)、软化水装置及板式换热器。热水(蒸汽)由锅炉房统一供给,下面对冷却水、软化水装置和板式换热器的原理、结构进行介绍。

2.1.2 冷却水装置

空调冷却水装置采用的主要设备包括独立的冷水机组或一体机,其制冷技术属于普通制冷范围,主要采用液体气化制冷法,即主要利用液体气化过程要吸收比潜热的原理;而且液体压力不同,其沸点也不同,压力越低,沸点越低。在热量转移方式上采用蒸汽压缩式制冷方式,即使制冷剂在压缩机、冷凝器、膨胀阀和蒸发器等热力设备中进行压缩、放热、接流和吸热四个主要的热力过程,以完成制冷循环。以水冷式为例,空调制冷系统流程如图 2.3 所示。

由图 2.3 可以看出,制冷系统由铜管将压缩机、冷凝器、膨胀阀和蒸发器按一定顺序连接成一个封闭系统,系统内充注一定量的制冷剂。一般的空调用制冷剂为氟利昂,以往通常采用的是 R22,现在有些空调的氟利昂已经采用新型的环保型制冷剂。压缩机吸入来自蒸发器的低温低压的氟利昂气体压缩成高温高压的氟利昂气体,高温高压的氟利昂气体流经热力膨胀阀(毛细管)被节流成低温低压的氟利昂气液两相物体,低温低压的氟利昂液体在蒸发器中吸收来自室内空气的热量成为低温低压的氟利昂气体,低温低压的氟利昂气体又被压缩机吸入。室内空气经过蒸发器后释放了热量,空气温度下降。如此压缩—冷凝—节流—蒸发反复循环,制冷剂不断带走室内空气的热量,从而使房间的温度降低。

9

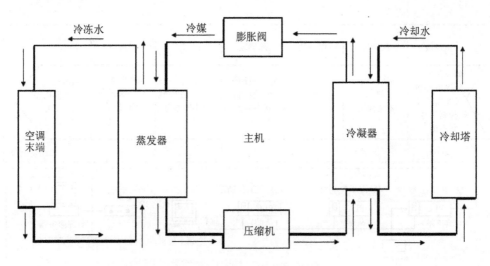

图 2.3　空调制冷系统流程

2.1.3　软化水装置

在空调系统中,软化水装置主要用于去除水中的钙、镁离子,降低水的硬度(通过离子交换原理去除水中的钙、镁等结垢离子)。当含有硬度离子的原水通过交换器内树脂层时,水中的钙、镁离子便与树脂吸附的钠离子发生置换,树脂吸附了钙、镁离子而钠离子进入水中,这样从交换器内流出的水就是去掉了硬度的软化水。在树脂吸收一定量的钙、镁离子之后就必须进行再生,再生过程就是用盐箱中的食盐水冲洗树脂层,把树脂上的硬度离子再置换出来,随再生废液排出罐外,树脂就又恢复了软化交换功能。目前常用的软化水装置均采用自动钠离子交换器,其结构如图 2.4 所示。

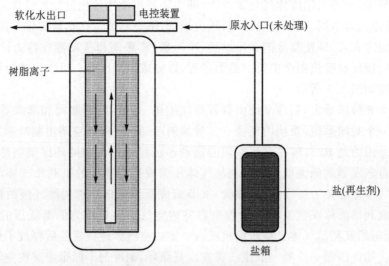

图 2.4　软化水装置的结构

2.1.4 板式换热器

在空调系统中,板式换热器是用薄金属板压制成具有一定波纹形状的换热板片,然后叠装,用夹板、螺栓紧固而成的一种换热器。各种板片之间形成薄矩形通道,通过板片进行热量交换。工作流体在两块板片间形成的窄小而曲折的通道中流过。冷热流体依次通过流道,中间有一隔层板片将流体分开,并通过此板片进行换热。板式换热器由传热板片、密封垫、压紧板、夹紧螺栓等主要部件组成,其结构原理如图 2.5 所示。

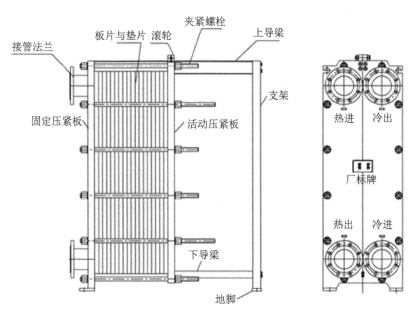

图 2.5 板式换热器结构原理

在空调系统中主要通过板式换热器实现蒸汽与热水之间的热交换,进而实现为机组热水加热盘管供水的目的。空调机组板式换热器在北方冬季环境使用最为普遍。

2.1.5 空调系统支撑技术分析

从上述空调系统组成原理和控制过程可以看出,航天发射场空调系统因所处的特殊环境和特殊要求,故在强调系统智能化的同时对系统的可靠性和信息化要求也有别于普通商业空调系统。从设备组成的角度看,系统所涉及的基础技术包括空调、PLC、传动、检测、仪表和电气控制技术等;从系统集成的角度看,系统所涉及的技术包括通信接口、现场总线、控制算法、控制和组态软件应用技术。空调系统支撑技术组成如图 2.6 所示。

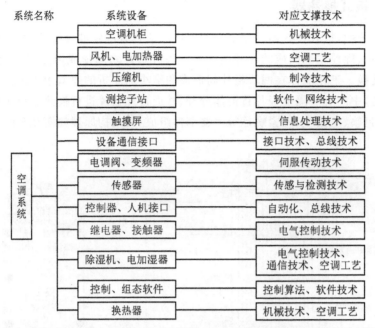

系统名称	系统设备	对应支撑技术
	空调机柜	机械技术
	风机、电加热器	空调工艺
	压缩机	制冷技术
	测控子站	软件、网络技术
	触摸屏	信息处理技术
	设备通信接口	接口技术、总线技术
空调系统	电调阀、变频器	伺服传动技术
	传感器	传感与检测技术
	控制器、人机接口	自动化、总线技术
	继电器、接触器	电气控制技术
	除湿机、电加湿器	电气控制技术、通信技术、空调工艺
	控制、组态软件	控制算法、软件技术
	换热器	机械技术、空调工艺

注：图中所列设备不包括冷水机组、软化水装置、蒸汽(热水)装置及换热器等机组外围附属设备。

图 2.6 空调系统支撑技术组成

2.2 起重机

航天发射场起重机主要用于测试技术厂房和发射塔架,从结构上主要分为塔式起重机和桥式起重机(双梁、单梁),从控制原理上主要分为继电-接触器控制起重机、变频器-PLC 控制起重机、共直流母线-PLC 控制起重机和直流调速-PLC 控制起重机,从应用场合上可分为防爆型起重机和非防爆型起重机。起重机在结构上主要由桥架、大小车(旋转变幅)、主副钩、电气控制部分以及安全装置组成,单梁式和双梁式起重机以及桥式和塔式起重机在组成上稍有差异。其中桥架由钢板焊成的箱形主梁、端梁和走台等组成,主梁上铺设了供小车运行的钢轨,两主梁的外侧装有走台,一侧为安装及检修大车运行机构而设,另一侧为安装小车导电装置而设。大小车(旋转变幅)主要用于调整主副钩的位置。电气控制部分由配电保护电路、各机构的主电路和控制电路以及信号电路等组成,用于调节起重机各机构的启停和运行精度。起重机控制系统的设计原则是基于测试需求建设,控制模式均是通过操控台发出的控制指令调整各机构的运行。安全装置主要是确保起重机运行过程安全可靠,由栏杆门安全开关、过流保护装置、限位开关及保护电路组成,当安全装置被触发时,安全回路被切断,使各机构停止运行,起到保护作用。由于结构和应用场合对起重机支撑技术分析的影响只是在设备工艺上,因此下面主要从起重机的控制原理上进行分析。

2.2.1　基于继电-接触器控制原理的桥式起重机

基于继电-接触器控制原理的起重机主要应用在各类测试厂房测试间,主要通过接触器切换实现电机转向和电机极对数控制。基于继电-接触器控制原理的桥式起重机主要实现单速和双速调节控制,其特点是控制原理简单,缺点是属于开环控制,无法获取电机实时转速,因此,这种控制模式涉及的技术相对简单。双速电机控制原理如图 2.7 所示。

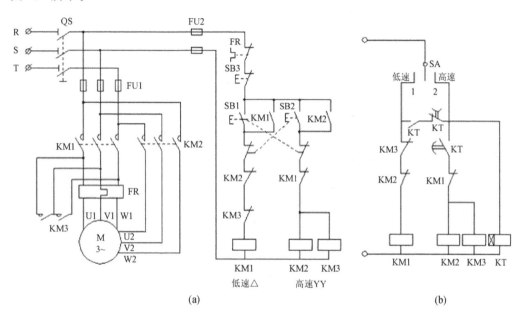

图 2.7　双速电机控制原理图

2.2.2　基于变频器-PLC 控制原理的起重机

随着对精确、稳定运行等使用需求的不断提高,航天发射场起重机的自动化水平和控制精度也越来越高,其中变频器-PLC 控制模式得到了较为广泛的应用,使各传动机构的调速范围和调速精度得到了大幅拓展。根据使用环境要求的不同,变频器-PLC控制模式从制动方式上也分为两种,即采用能耗制动(制动电阻)和回馈制动。

1. 采用能耗制动的起重机控制原理

能耗制动采用的方法是在变频器直流侧增加制动电阻,是一种最直接的处理再生能量的方法,将再生能量通过能耗制动电路消耗在电阻上转化为热能。图 2.8 为采用制动电阻的变频调速控制原理。

2. 采用回馈制动的起重机控制原理

回馈制动主要用于频繁启动、制动及不适于采用能耗制动的四象限运行的电机,通

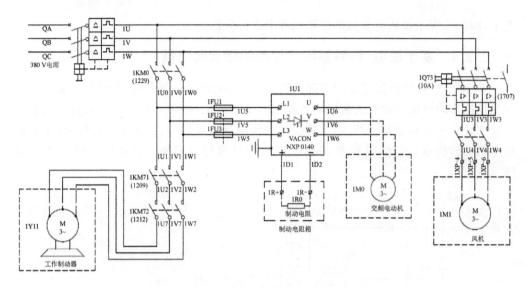

图 2.8　采用制动电阻的变频调速控制原理

过能量回馈单元将再生电能逆变为与电网同频率同相位的交流电回送电网,从而实现制动。采用回馈制动的变频调速控制原理如图 2.9 所示。

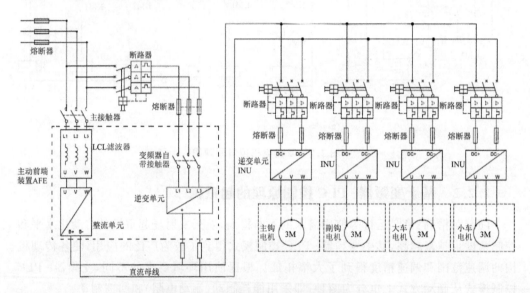

图 2.9　采用回馈制动的变频调速控制原理

2.2.3　基于直流调速-PLC 控制原理的起重机

基于直流调速的起重机在航天发射场的应用相对基于变频调速的起重机要早。SIMOREG K 6RA24 整流装置是为直流电源直接供电的全数字控制装置,其结构紧凑,用于直流电机电枢和励磁供电,完成调速任务,直流电流额定值为 15～1 200 A,并可通过并联 SITOR-晶闸管单元进行扩展。其原理是采用 PWM 脉宽调制,调节电机的输入占空比来控制电机的平均电压,从而控制转速。同时直流电机给调速器一个反馈电流,调速模块根据反馈电流来判断直流电机的转速情况,必要时修正电枢电压输出,以此来再次调节电机的转速。以塔式起重机为例,其直流调速控制原理如图 2.10 所示。

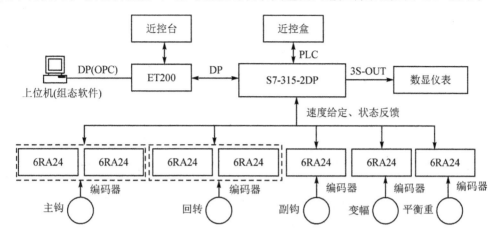

图 2.10　直流调速控制原理

2.2.4　起重机支撑技术分析

起重机属于较为常见的吊装设备,但由于应用场合和应用环境的重要性,在设计和建设起重机时尤其注重其可靠性和安全性指标,无论是从元器件选型还是自动化程度来讲都十分重视,因此它在系统功能构成上较为复杂,主要包括了过程运行参数监测、外部动力电源监测、制动器冗余、现场总线通信、多速度调节等。起重机支撑技术组成如图 2.11 所示。

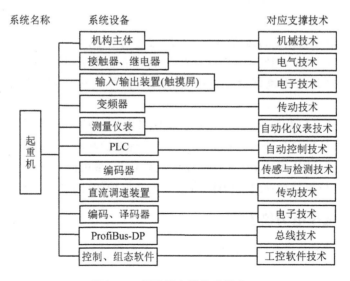

图 2.11　起重机支撑技术组成

2.3 电 站

配电网络主要由变电站和电力外线等组成,这里以变电站低压部分以及下级配电节点为例,分析其技术构成。该部分设备主要由高压柜、低压柜、继电保护装置、低压电力仪表、电能质量在线监测系统、接地系统、UPS、无功补偿装置以及电力综合自动系统等组成。

2.3.1 高低压柜

电站高压柜接线主要包括一次接线和二次接线(回路),其中一次接线是指输电线路在进入变电站之后,所有电力设备(变压器及进出线开关等)的相互连接方式。二次接线是指测量、保护、控制与信号回路部分,其中测量回路包括计量测量与保护测量回路;控制回路包括就地手动合分闸、防跳联锁、试验、互投联锁、保护跳闸以及合分闸执行部分;信号回路包括开关运行状态信号、事故跳闸信号与事故预告信号回路。配电站一次接线一般采用桥形接线,即有两路进线、两台变压器,每路线路都由母联断路器经过两个隔离开关分别接到两条母线上,这样当检修母线时,就可以利用母联开关将线路倒在另一条母线上,虽然接线方式复杂,但便于检修,可减少停电时间。

2.3.2 继电保护装置

当电站在运行过程中发生故障(三相短路、两相短路、单相接地等)或出现不正常现象(过负荷、过电压、低电压、低周波、超温、控制与测量回路断路等)时,继电保护装置能够迅速有选择性地发出跳闸命令将故障切除或发出报警,从而减少故障造成的停电范围和电气设备的损坏程度,保证电力系统稳定运行。

继电保护根据电站运行过程中发生故障时出现的电流增加、电压升高或降低、频率降低、温度升高等现象,当它们超过继电保护装置的整定值(给定值)或超限值时,在整定时间内有选择地发出跳闸命令或报警信号。信号直接在直流屏上对应故障标识显示。

随着电子技术的发展,电站大部分已采用微电子保护装置,这是一种微机保护单元,可以完成多种保护与监测功能。它代替了多种保护继电器和测量仪表,简化了开关柜与直流屏的接线,从而减少了相关设备的故障环节,微机保护单元采用高集成度的芯片,软件有自动检测与自动纠错功能,有助于提高保护的可靠性。

2.3.3 低压电力仪表

低压电力仪表安装在低压配电柜面板上,主要用于对低压配电柜的常规电力参数和柜内断路器开合状态的监测。目前比较普遍的做法是在电站低压配电柜上增加低压电力仪表。仪表除提供现场参数监测外,还具有通信功能,它提供的标准通信接口有

RS422、RS485、RS232 和以太网,通过通信接口可直接与电力综合自动化系统进行通信,实现远程状态监测。比如电站低压配电柜电流表可选用 PZ96 系列电流仪表,低压进线柜综合仪表可选用 ACR220EK 系列仪表,各仪表之间通过通信口总线式(RS485)连接,在每个仪表上均设置了不同的总线地址,监测计算机通过串行接口接入该仪表通信总线。电站低压电力仪表通信结构如图 2.12 所示。

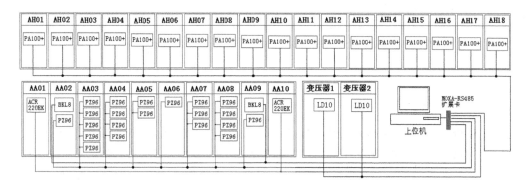

图 2.12　电站低压电力仪表通信结构

2.3.4　电能质量在线监测系统

电能质量是指电网中各点电压或电流的幅值、频率、波形等参量符合标准的程度。其主要指标有电压偏差、频率偏差、谐波含量、电压波动和闪变、三相电压不平衡。电压偏差和频率偏差主要决定于电网的结构、系统无功补偿装置和调压、调频手段以及电网调度的合理性。电能质量监测仪是主要通过采集现场数据实现对上述指标的分析的仪器装置。

电能质量在线监测系统基于本地局域网接入变电站信息,由服务器系统、通信系统、数据监测系统三部分构成,通过局域网通信可以保证数据传输的实时性和可靠性。构建的电能质量在线监测系统需要实现的功能包括:

① 通过客户端可以进行在线监测。

② 针对不同的数据源,采用统一的电能质量数据交换格式,使管理信息系统建立在统一的数据平台上,使不同的数据源(包括监测装置、分析程序等)具有兼容性,可实现定时传输或召唤传输功能,可远方设置监测参数及其限值,可灵活增加电能质量相关指标和电能质量监测点。

③ 构建电网电能质量数据中心,在此基础上建立面向管理层的综合信息查询系统,并可提供服务区域电能质量的各项数据和运行报表。

④ 提供标准的对外接口,可便于接入整个场区信息综合管控信息系统。系统为分层分布式系统,通过将电网中的各监测站点连成整体,实现电能质量在线监测的网络化。

2.3.5　接地系统

接地系统是指将用电设备的某些部位、电力系统的某点与大地相连,提供故障电流及雷电流的泄流通道,稳定电位,提供零电位参考点,以保证电子、电气设备的正常运行和人员的人身安全。从类别上接地分为防雷接地、交流工作接地、安全保护接地、直流接地、屏蔽接地与防静电接地。从使用功能上接地可分为联合接地和独立接地。根据应用场所的使用特点,防雷接地和设备安全、防静电、部分工作接地共地,称为联合接地,联合接地网与电站变压器中性点接地点连接。对于一些特殊使用设备,为避免受外部共地影响,采用了独立接地。

2.3.6　UPS

对于重要场所,在工作过程中要求保证任何情况下均能正常供电,因此各应用场所除配备了双母线配电网络外,还增加在线式 UPS 供电系统。各应用场所配置的 UPS 供电系统的设备型号或系统容量可能有所不同,但其原理和主要功能基本相同。在线式的配置使 UPS 具有对各类供电的零时间切换,自身供电时间的长短可选,并具有稳压、稳频、净化的特点。同时为了检修维护便利,结合 UPS 自身的自动旁路功能,在低压配电柜上进行了相应的配置。

UPS 主要由整流、充电、逆变、转换、储能和控制电路等组成,其中整流电路将电网的交流电变换成直流电供给逆变电路。由于逆变电路本身要求输入的直流电压是可以调节的,并且电网电压的波动不应该影响整流电压的输出,因此整流电路一般都是可控的。对于这种容量较大的 UPS 使用场所,基本都采用晶闸管三相桥式电路实现。充电电路主要提供蓄电池需要的充电电压,逆变电路主要将直流电压转换为标称的交流电压。转换开关主要实现线路沟通和切换。图 2.13 为在线式 UPS 的接线原理图。

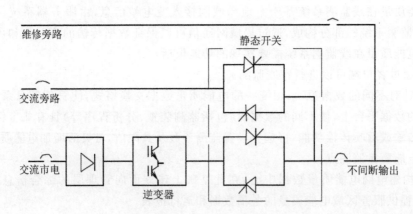

图 2.13　在线式 UPS 的接线原理图

2.3.7 无功补偿装置

电容补偿柜均位于低压配电柜进线端,其作用是采用晶闸管作为开关,投切电力电容器组,实现无功补偿,主要用于改善用电负荷的功率因数。无功补偿的基本原理是把具有容性功率负荷的装置与感性功率负荷并联接在同一电路,当容性负荷释放能量时,感性负荷吸收能量;而当感性负荷释放能量时,容性负荷却在吸收能量。能量在两种负荷之间互相交换,感性负荷所吸收的无功功率可从容性负荷输出的无功功率中得到补偿,从而提高 $\cos\phi$ 值。

无功补偿采用的方法主要有低压个别补偿、低压集中补偿和高压集中补偿。

低压个别补偿就是根据个别用电设备对无功的需要量将单台或多台低压电容器组分散地与用电设备并联,它与用电设备共用一套断路器,通过控制、保护装置与电机同时投切。随机补偿适用于补偿个别大容量且连续运行(如大中型异步电动机)的无功消耗,以补励磁无功为主。低压个别补偿的优点是:当用电设备运行时,无功补偿投入;当用电设备停运时,补偿设备也退出,因此不会造成无功倒送。同时,它具有投资少、占位小、安装容易、配置方便灵活、维护简单、事故率低等优点。

低压集中补偿是指将低压电容器通过低压开关接在配电变压器低压母线侧,以无功补偿投切装置作为控制保护装置,根据低压母线上的无功负荷而直接控制电容器的投切。电容器的投切是整组进行,做不到平滑的调节。低压集中补偿的优点:接线简单、运行维护工作量小,使无功就地平衡,从而提高配变利用率,降低网损,具有较高的经济性,是目前无功补偿中常用的手段之一。

高压集中补偿是指将并联电容器组直接装在变电所的 6~10 kV 高压母线上的补偿方式。它适用于用户远离变电所或在供电线路的末端,用户本身又有一定的高压负荷的情况,可以减少对电力系统无功的消耗并起到一定的补偿作用。补偿装置根据负荷的大小自动投切,从而合理地提高了用户的功率因数,避免功率因数降低导致电费的增加,同时便于运行维护,补偿效益高。

重要场所低压配电系统基本采用集中补偿方法,即在电站低压柜上并联电容器实现无功补偿。高压补偿则是在高压电站采用 SVC(static var compensator)进行无功补偿,其原理是通过可控关断电力电子元件生成与系统电压成一定角差的信号注入电力系统,实现无功生成的目的。

2.3.8 电力综合自动化系统

针对用户变电站,通过微机保护装置、开关柜综合测控装置、电气接点无线测温产品、电能质量在线监测装置、配电室环境监控设备、弧光保护装置等设备组成自动化的综合监控系统,实现变电、配电、用电的安全运行和管理。监控范围包括用户变电站、开闭所、变电所及配电室等。

系统功能主要包括:

（1）实时监测

系统人机界面友好，能够以配电一次图的形式直观显示配电线路的运行状态，实时监测各回路电压、电流、功率、功率因数等电参数信息，动态监视各配电回路断路器、隔离开关、接地刀合分闸状态及有关故障、告警等信号。其中，配电系统中需要监测的开关量主要有：断路器分合闸信号、手车工作/试验位置信号、远方/就地切换位置信号、弹簧储能状态信号、接地刀合分信号、变压器超温跳闸信号、高温信号、保护跳闸信号和事故预告信号；低压进线回路电参量主要有：开关状态、三相电流、三相电压、总有功功率、总无功功率、总功率因数、频率和正向有功电能累计值；低压出线回路电参量主要有：开关状态、断路器故障脱扣告警、三相（单相）电流、三相功率。

（2）电参量查询

在主接线图中可以直接查看该回路所有的电参量，包括三相电流、三相电压、三相总有功功率、总无功功率、总功率因数、有功电能等。

（3）曲线查询

在曲线查询界面可以直接查看各电参量曲线，包括三相电流、三相电压、有功功率、无功功率、功率因数等曲线。

（4）运行报表

查询各回路或设备指定时间的运行参数，报表中显示的电参量信息应包括：各相电流、三相电压、总功率因数、总有功功率、总无功功率、正向有功电能等。系统具备定时抄表汇总统计功能，用户可以自由查询自系统正常运行以来任意时间段内各配电节点的用电情况，即该节点进线用电量与各分支回路消耗电量的统计分析报表。

（5）实时告警

系统具有实时告警功能，能够对配电回路断路器、隔离开关、接地刀分/合动作等遥信变位，保护动作、事故跳闸等事件发出告警。选配实时语音功能，系统能够对所有事件发出语音告警。

（6）历史事件查询

系统能够对遥信变位，保护动作、事故跳闸，以及电压、电流、功率、功率因数越限等事件记录进行存储和管理，方便用户对系统事件和历史进行追溯、查询统计、事故分析。

（7）用户权限管理

为保障系统安全稳定运行，设置了用户权限管理功能。通过用户权限管理能够防止未经授权的操作（如遥控的操作、数据库修改等），可以定义不同级别用户的登录名、密码及操作权限，为系统运行、维护、管理提供可靠的安全保障。

（8）网络拓扑图

系统支持实时监视接入系统的各设备的通信状态，能够完整的显示整个系统网络结构；可在线诊断设备通信状态，当发生网络异常时能自动在界面上显示故障设备或元件及其故障部位。

（9）电能质量监测

系统可以对整个配电系统范围内的电能质量和电能可靠性状况进行持续性的监测。例如配电系统维护人员可以通过谐波分析界面掌握配电系统的谐波含量，及时采取相应的措施提高配电系统的可靠性，减少因谐波造成的供电事故的发生。

（10）故障记录

当发生故障时，系统可自动准确地记录故障前、后过程的各种电气量的变化情况，对这些电气量的分析、比较对分析处理事故、判断保护是否正确动作、提高电力系统安全运行水平有着重要作用。自动记录事故时刻前后一段时间的所有实时稳态信息（包括开关位置、保护动作状态、遥测量等），形成事故分析的数据基础。

（11）通信管理

系统可以对整个配电系统范围内的设备通信情况进行管理、控制、数据的实时监测；可以查看某个设备的通信和数据报文；可以完成与各种智能电子设备的通信和数据转发，包括微机保护、电力仪表、智能操控、直流屏、模拟屏、五防系统和调度等。

电力综合自动化系统结构如图 2.14 所示。

通过上述对电力综合自动化系统结构的分析可以看出，电力综合自动化系统涉及计算机技术、数据通信技术、数字信号处理以及计算机软件技术等。自动化系统以微机保护和计算机监控系统为主体，前端为其他智能采集设备。

2.3.9　配电站支撑技术分析

配电站涉及的设备种类较多，通过对设备原理进行分析，其支撑技术组成如图 2.15 所示。除电能质量在线监测系统属于各电站网络互联以外，其他设备均为电站自身配置。电站中的设备多为集成设备（如 UPS、中央信号屏），所涉及的技术已不仅局限于电力技术的范畴，更多延伸至电子、通信技术等。

2.4　平台摆杆系统

平台摆杆系统的组成基本上包括液压系统（泵站、阀件、液压缸）、电气控制系统（控制器、电气元件、上位机）、监控软件和机械传动装置（直线齿条、传动齿轮）。

2.4.1　平台系统原理

平台液压系统主要由液压泵站（油箱、电机、油泵、过滤器、溢流阀、单向阀）、阀控台（调速阀、电磁换向阀等）、液压缸、液压管路等组成。液压系统通过齿轮齿条传动带动平台回转轴，对回转平台进行打开/合拢操作。升降平台的升降通过液压缸的伸缩运动实现，当两侧油缸高度不一致时，可通过补油电磁换向阀对两侧油缸进行微调。每联的闭锁装置动作分为左右两侧，当电磁换向阀动作时，左侧或右侧的闭锁同时开锁或闭锁。底部密封装置的升降动作与升降平台的动作原理相同。泵站内两台泵的规格型号

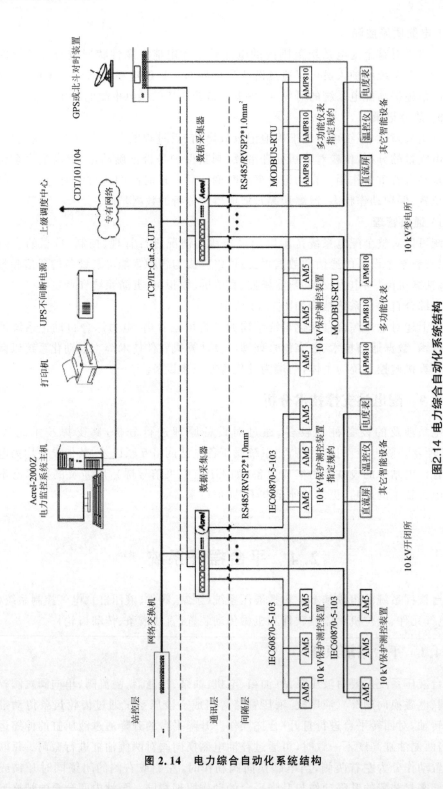

图 2.14 电力综合自动化系统结构

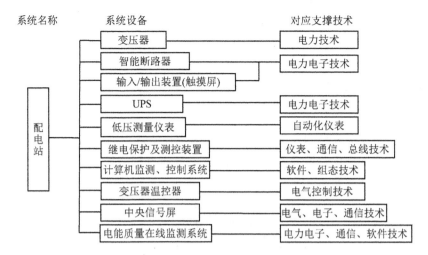

图 2.15 配电站支撑技术组成

相同,相互备份;两个电磁溢流阀分别调整各自泵的出口压力;在泵的出口安装两个单向阀,用于防止油液倒流造成系统的某些部分吸空;回油管路通过单向阀防止系统回油管油液流回油箱,使系统管道进入空气。电气控制系统采用 PLC 作为主控制器;上位机采用图形组态软件对系统运行过程状态进行监测,同时将系统状态参数通过网络协议传至综合信息管理服务器。平台系统结构如图 2.16 所示。

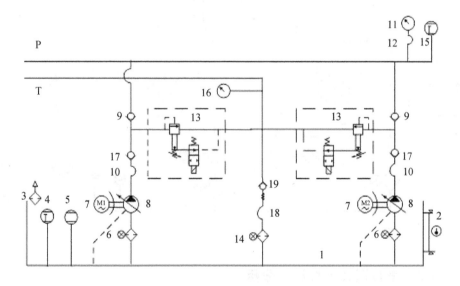

1—油箱;2—液位指示器;3—空气滤清器;4—电接点温度计;5—液位控制继电器;6—吸油过滤器;
7—电机;8—油泵;9—单向阀;10—软管;11—压力表;12—微型高压软管;13—电磁溢流阀;
14—回油过滤波器;15—压力传感器;16—压力表;17—单向阀;18—软管;19—单向阀

图 2.16 平台系统结构

2.4.2 摆杆系统原理

电缆摆杆由竖直杆、水平杆、液压系统(由油缸、油箱、油泵、阀件等组成)、电气控制系统(控制台、控制柜)、强脱机构(包括气路系统)和防回弹机构等组成。

电缆摆杆的安装位置根据塔体情况不一。竖直杆安装在塔前中心线两侧,主要用于支撑水平杆和传递摆杆摆开、摆回力矩。竖直杆上设水平杆,水平杆由基本段、过渡段和弯曲段组成。电气控制系统采用 PLC 作为主控制器;上位机采用图形组态软件对系统运行过程状态进行监测,同时将系统状态参数通过网络协议传至综合信息管理服务器。摆杆系统结构如图 2.17 所示。

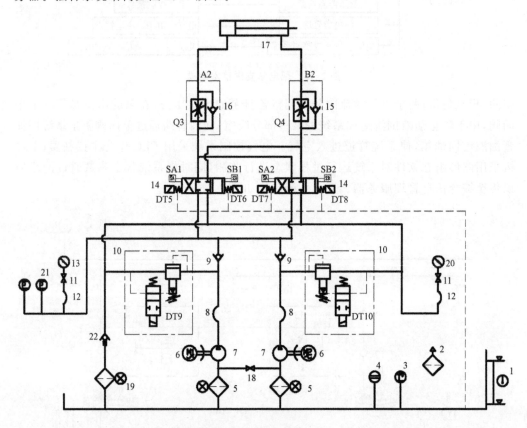

图 2.17 摆杆系统结构

2.4.3 平台摆杆支撑技术分析

液压传动和液力传动均是以液体作为工作介质来进行能量传递的传动方式。液压传动主要利用液体的压力能来传递能量;而液力传动则主要利用液体的动能来传递能量。平台摆杆液压系统主要用于构建压力传动方向;电气控制系统则用于控制系统建压和卸压,在技术构成上主要包括液压阀件原理、电气控制、工控软件以及网络通信技术。平台摆杆支撑技术组成如图 2.18 所示。

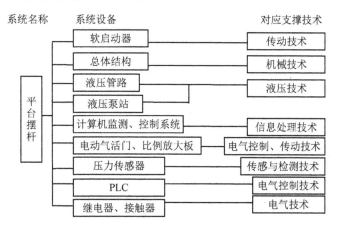

图 2.18　平台摆杆支撑技术组成

2.5　加注系统

以常规推进剂加注为例,加注系统设备由工艺设备和自控设备两大部分组成。工艺设备主要是指实现系统工艺要求中的功能所需的各种执行机构和检测仪表,主要包括贮罐、列管换热器、加注屏蔽泵、流量校验装置、气动球阀、电动调节阀、管道液位信号器、流量测控仪表、压力传感器、贮罐液位检测仪表、温度检测仪表以及推进剂调温设备等。自控设备是指完成加注测控工作所需的计算机及辅助设备,主要包括控制台、电源柜、PLC、上位机和投影系统等。

2.5.1　加注系统现场设备

加注系统主要由贮罐、管路及现场阀件等设备组成。贮罐是加注系统的主要设备之一,属于压力容器,放空罐用于推进剂放空。换热器是加注系统推进剂升降温的热交换设备,根据加注系统的特点,为确保安全可靠,换热器按压力容器制造。加注屏蔽泵分为卧式泵和立式泵两种,这两种泵根据加注系统推进剂介质的特殊要求设计,其中燃烧剂系统轴承选用石墨材料,氧化剂系统轴承选用增强聚四氟乙烯材料,轴套均采用不锈钢材料,设计工作压力为 2.0 MPa,在现场泵体上安装有 TRG 指示表,对轴承的磨损情况进行监视。流量校验装置为在线式校验装置。气动球阀在加注系统中的主要作用是控制推进剂流通路径的连通和隔断。电动调节阀包括电动执行机构和电动操作器两大部分,安装于加注泵的出口处和分流管上,主要用于实现远距离调节管路内推进剂的流量大小,从而调节各级的加注速度或回流量。数字式涡街流量计(一次仪表)与加注控制仪(流量计)配套使用组成流量测控仪表,是加注量地面计量的关键设备,主要用于测量液体的流量,并将它转换成脉冲输出信号;控制仪用于加注过程中的连续计量,显示管道内液体的累计流量和瞬时流量,并能发出定值控制信号,流量脉冲信号通过一分三向显示仪表、PLC 高速计数板、校验装置发送脉冲信号。压力传感器安装于被测容器、液路、气路管线上,用于检测贮罐、管路内介质压力,并将它变换成 4~20 mA 的标准电流信号远传给控制台的二次显示仪表。贮罐采用磁致伸缩式液位计,将液位高度转换成标准的 4~20 mA 信号,并远传至控制柜显示仪表,仪表可显示液位高度。推进剂调温设备包括两台不锈钢列管换热器、板式换热器、冷却水循环系统。蝶阀用来调节流量的大小。

2.5.2　加注自动控制系统

加注自动控制系统主要由控制台、电源柜、控制柜以及上位机和投影设备等组成。控制台主要完成加注系统自动、手动转换操作和参数测量与控制操作等。控制台主要设备有泵启停远控按钮及泵启动指示器、泵手动/自动转换开关、控制气动球阀开关、气动球阀手动开关位置旋钮、工序输入按键、自动/手动选择开关、级别选择开关、流量/温度/液位/压力二次仪表、电动操作器、管道液位信号器、紧急停车旋钮、各阀门开/关回讯指示器、伺服放大器、电流转换器、延时继电器、中间继电器、接线端子等。电源柜主要为系统提供所需的各种直流电源,内装配直流稳压电源及其开关,向控制设备提供直流稳压电源输出。控制柜完成数字量的输入输出自动编程控制,通过 PLC 将加注信息传输至计算机进行工艺模拟显示处理;PLC 为系统主控制器,是加注系统的中心控制单元。上位机通过串行通信口与 PLC 相连,功能主要是按工序要求向 PLC 输入各种参数,下达控制指令,接收和显示 PLC 发送的加注进程信息。加注泵变频器接入系统总线。加注自动控制系统结构如图 2.19 所示。

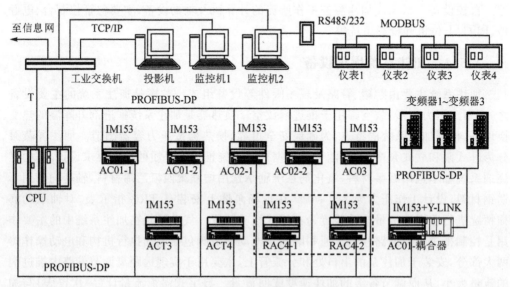

图 2.19　加注自动控制系统结构

2.5.3　加注系统支撑技术分析

加注系统在航天发射场场区设备中属于较为复杂的系统,涉及的设备包括电气控制元件、变频传动设备、组态软件等。加注系统支撑技术组成如图 2.20 所示。

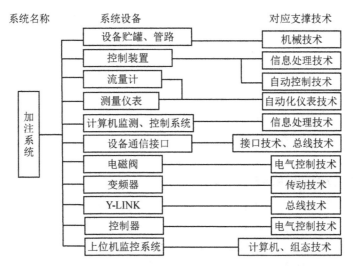

图 2.20　加注系统支撑技术组成

2.6　火灾自动报警系统

火灾自动报警系统是设置在建筑或其他场所中的一种自动消防设施,可以早期发现并通报火灾隐患,让人们及时采取有效措施,以预防火灾的发生,或抑制火灾的蔓延并扑灭火灾,将火灾造成的损失降低到最低程度。根据国家标准《火灾自动报警系统设计规范》《建筑设计防火规范》和《高层建筑设计防火规范》的要求,各种工业和民用建筑及场所应设置相应的火灾自动报警系统。

2.6.1　火灾自动报警系统的组成

火灾自动报警系统由火灾探测报警系统、消防联动控制系统组成。

1. 火灾探测报警系统

火灾探测报警系统能及时、准确地探测被保护对象的初起火灾,并做出报警响应,从而使建筑中的人员有足够的时间在火灾尚未发展蔓延到危害生命安全的程度时疏散至安全地带,是保障人员生命安全的最基本的建筑消防系统。

(1) 触发器件

在火灾自动报警系统中自动或手动产生火灾报警信号的器件称为触发器件,它主要包括火灾探测器和手动火灾报警按钮:

① 火灾探测器是能对火灾参数（如烟、温度、气体质量浓度等）响应并自动产生火灾报警信号的器件。

② 手动火灾报警按钮是以手动方式产生火灾报警信号、启动火灾自动报警系统的器件。

(2) 火灾警报装置

在火灾自动报警系统中用以发出区别于环境声、光的火灾警报信号的装置称为火灾警报装置。它以声、光和音响等方式向报警区域发出火灾警报信号以警示人们迅速采取安全疏散以及灭火救灾措施。

(3) 电　源

火灾自动报警系统属于消防用电设备，其主电源应当采用消防电源，备用电源可采用蓄电池。系统电源除为火灾报警控制器供电外，还为与系统相关的消防控制设备等供电。

2. 消防联动控制系统

消防联动控制系统由消防联动控制器、消防控制室图形显示装置、消防电气控制装置、消防电动装置、消防联动模块、消火栓按钮、消防应急广播设备、消防电话等设备和组件组成。

(1) 消防联动控制器

消防联动控制器是消防联动控制系统的核心组件。它通过接收火灾报警控制器发出的火灾报警信息，按预设逻辑对建筑中设置的自动消防系统（设施）进行联动控制。消防联动控制器可直接发出控制信号，通过驱动装置控制现场的受控设备；对于控制逻辑复杂且在消防联动控制器上不便实现直接控制的情况，可通过消防电气控制装置（如防火卷帘控制器、气体灭火控制器等）间接控制受控设备，同时接收自动消防系统（设施）动作的反馈信号。

当火灾发生时消防联动控制器按设定的控制逻辑准确发出联动控制信号给消防泵、喷淋泵、防火门、防火阀、防排烟阀和通风等消防设备，完成对灭火系统、疏散指示系统、防排烟系统及防火卷帘等其他消防有关设备的控制。

在消防设备动作后将动作信号反馈给消防控制室并显示，实现对建筑消防设施的状态监视，即接收来自消防联动现场设备以及火灾自动报警系统以外的其他系统的火灾信息或其他触发和输入信息。

(2) 消防控制室图形显示装置

消防控制室图形显示装置用于接收并显示保护区域内的火灾探测报警及消防联动控制系统、消火栓系统、自动灭火系统、防烟排烟系统、防火门及卷帘系统、电梯、消防电源、消防应急照明和疏散指示系统、消防通信等各类消防系统及系统中的各类消防设备（设施）运行的动态信息和消防管理信息，同时还具有信息传输和记录功能。

(3) 消防电气控制装置

消防电气控制装置的功能是控制各类消防电气设备。它一般通过手动或自动的工作方式控制消防泵、防烟排烟风机、电动防火门、电动防火窗、防火卷帘、电动阀等各类电动消防设施的控制装置及双电源互换装置,并将相应设备的工作状态反馈给消防联动控制器进行显示。

（4）消防电动装置

消防电动装置的功能是实现电动消防设施的电气驱动或释放。它包括电动防火门窗、电动防火阀、电动防烟排烟阀、气体驱动器等电动消防设施的电气驱动或释放装置。

（5）消防联动模块

消防联动模块是用于消防联动控制器和它所连接的受控设备或部件之间信号传输的设备,包括输入模块、输出模块和输入输出模块。输入模块的功能是接收受控设备或部件的信号反馈并将信号输入消防联动控制器中进行显示,输出模块的功能是接收消防联动控制器的输出信号并发送到受控设备或部件,输入输出模块则同时具备输入模块和输出模块的功能。

（6）消火栓按钮

消火栓按钮是手动启动消火栓系统的控制按钮。

（7）消防应急广播设备

消防应急广播设备由控制和指示装置、声频功率放大器、传声器、扬声器、广播分配装置、电源装置等部分组成,是当火灾或意外事故发生时通过控制功率放大器和扬声器进行应急广播的设备。它的主要功能是向现场人员通报火灾发生、指挥并引导现场人员疏散。

2.6.2　火灾自动报警系统工作原理

在火灾自动报警系统中,火灾探测报警控制器和消防联动控制器是核心组件,是系统中火灾报警与警报的监控管理枢纽和人机交互平台。

1. 火灾探测报警系统

当火灾发生时,安装在保护区域现场的火灾探测器将火灾产生的烟雾、热量和光辐射等火灾特征参数转变为电信号,经数据处理后,将火灾特征参数信息传输至火灾报警控制器,或直接由火灾探测器做出火灾报警判断将报警信息传输到火灾报警控制器。

火灾报警控制器在接收到探测器的火灾特征参数信息或报警信息后,经报警确认判断,显示报警探测器的部位,记录探测器火灾报警的时间。

处于火灾现场的人员在发现火灾后可立即触动安装在现场的手动火灾报警按钮,手动报警按钮便将报警信息传输到火灾报警控制器。火灾报警控制器在接收到手动火灾报警按钮的报警信息后,经报警确认判断,显示动作的手动报警按钮的部位,记录手动火灾报警按钮报警的时间。

火灾报警控制器在确认火灾探测器和手动火灾报警按钮的报警信息后,驱动安装在被保护区域现场的火灾警报装置发出火灾警报,向处于被保护区域内的人员警示火灾的发生。

2. 消防联动控制系统工作原理

当火灾发生时,火灾探测器和手动火灾报警按钮的报警信号等联动触发信号被传输至消防联动控制器,消防联动控制器按照预设的逻辑关系对接收到的触发信号进行识别判断。当满足逻辑关系条件时,消防联动控制器按照预设的控制时序启动相应的自动消防系统(设施),实现预设的消防功能;消防控制室的消防管理人员也可以通过操作消防联动控制器的手动控制盘直接启动相应的消防系统(设施),从而实现相应消防系统(设施)预设的消防功能。消防联动控制器接收并显示消防系统(设施)动作的反馈信息。

2.6.3 火灾自动报警系统支撑技术分析

火灾自动报警系统基本上都采用集中报警控制系统,其特点主要包括以下 5 个方面:

① 采用双向智能总线对通过分布智能探测器送回的信息的二次信号进行处理、分析,经过与附近其他探测器比较后,准确无误地给出报警信号和故障信号。

② 控制器采用模块化方式,可根据不同的需要进行扩展;控制器之间采用网络方式,网络为多重优先级网络或对等通信网络;网络上所有控制器之间的信息可以共享,所有控制器平等通信,可以独立地收发信息,且每一个控制器都能重整通信信号,有纠错和容错能力。

③ 集散智能控制器可以配接多种输入、输出模块,可根据不同的报警等级而控制不同的联动设备;控制模块可以根据需要作延时启动;在网络系统中的各种联动控制装置可以跨越不同的控制器进行联动。

④ 报警中心控制器均配备液晶显示器(LCD),可给出详细的系统报警、故障信息,设有多层次密码保护,以便授权人员能通过面板键盘进入系统查看系统内参数或修改设定;集散智能控制器的编程方式可根据用户不同显示及控制要求而编写,完全做到现场编程,通常编程可在主机上或外接计算机上完成。

⑤ 控制器具有标准的网络和串行接口,可便于配接计算机 CRT 平面图形显示及存储系统,也可与信息综合管控系统通信。

根据系统组成和技术特点,可以总结分析出火灾自动报警系统支撑技术组成如图 2.21 所示。

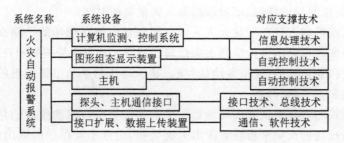

图 2.21 火灾自动报警系统支撑技术组成

2.7 供配气系统

供配气系统的任务是为航天发射场用气设备提供满足使用技术要求的气体。航天发射场供配气系统由生产、贮存和输送气体的相关设备组成。其具体设备包括空气压缩机组、膜压机、气体净化装置、气体干燥装置、膜片压缩机组、固定气瓶、车载气瓶、配气台、配气箱以及阀门管道件等。

2.7.1 设备工作原理

航天发射场供配气系统结构庞大,组成设备也较多,下面按照制气和配气过程分别进行说明。

1. 液氮站

液氮站主要通过低温法将空气中的氮气分离出来,工艺流程由压缩、膨胀、液化(深冷)和精馏组成。它以空气为原料,先通过压缩循环深度冷冻的方法把空气变成液态,再经过精馏从液态空气中逐步分离出氮气。工艺流程如图 2.22 所示。

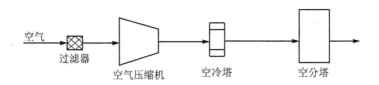

空气 过滤器 空气压缩机 空冷塔 空分塔

图 2.22 液氮站工艺流程

为减少空气压缩机内部机械运动表面的磨损,让空气在进入空气压缩机之前通过过滤器清除所含的灰尘和其他杂质。空气经过滤器进入空气压缩机,进入叶轮的气体在叶轮的作用下高速旋转,在离心力的作用下气体被甩出并获得很大的速度,在扩压器等元件中将动能转化为压力能。这样通过逐段的多级压缩,气体达到规定的压力。空冷塔用来降低压缩空气在进入空气干燥净化器和空分塔前的温度,避免其进塔温度大幅度波动,并可析出压缩空气中的大部分水分,通常采用氮水冷却器(由水冷塔和空冷塔组成:水冷塔是用空分塔内出来的废气冷却循环水,空冷塔是用水冷塔出来的循环水冷却空气)、氟利昂空气冷却器。空分塔内主要包括主换热器、液化器、精馏塔、冷凝蒸发器等。主换热器、冷凝蒸发器和液化器为板翅式换热器,是一种全铝金属结构新型组合式间壁式换热器,平均温差很小,换热效率可高达 98%~99%。精馏塔为空气分离设备,塔设备的类型按内件划分,设置筛孔板的称为筛板塔,设置泡罩板的称为泡罩塔,堆放填料的称为填料塔。液氮站控制系统依托于智能仪表实现,通过现场反馈的数据对设备进行调整控制。

2. 配气台

配气台主要由减压阀、过滤器、单向阀、压力仪表等组成，主要功能是按照需要为使用设备配置气源。配气系统结构相对简单，但操作人员需熟悉各类阀件的连接。

3. 氧气质量浓度监测系统

航天发射场氧气质量浓度监测系统主要是为了确保配气间氧气的质量浓度。系统采用智能仪表搭建，各仪表之间通过 RS485 总线通信，也可通过 PLC 构建监测系统。

氧气质量浓度监测系统用于在线监测空气中氧气的质量浓度，当氧气的质量浓度过高或过低时发出报警。系统由二次仪表、监测计算机和通信设备组成，通信采用基于 RS485 的 MODBUS 总线协议，结构如图 2.23 所示。

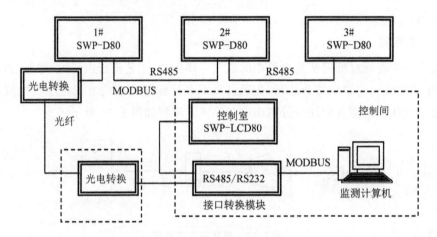

图 2.23　氧气质量浓度监测系统结构

系统中监测计算机作为 MODBUS 总线中的主站（master station），二次仪表均作为从站（slave station），计算机根据需采集数据的存储位置发出命令帧，二次仪表根据命令帧要求发出应答帧。计算机负责对采集的数据进行二次处理。

2.7.2　供配气系统支撑技术分析

航天发射场供配气系统主要用于气检和增压以及部分场区设备的控制驱动用气。通过对供配气系统设备的结构、原理进行分析，可得出其支撑技术组成如图 2.24 所示。

本章通过对航天发射场的一些典型场区设备的组成介绍和原理分析，梳理出场区设备对应的支撑技术。场区设备建设相对重视设备可靠性和信息化指标，这进一步提高了场区设备的复杂程度，具体表现在两个方面：一是场区设备测点布置增多；二是场区设备控制系统对外通信接口更加多样化。

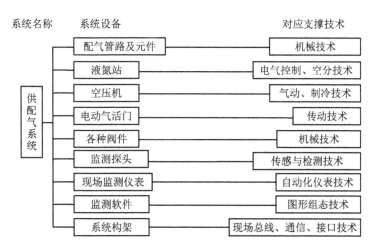

图 2.24　供配气系统支撑技术组成

第3章 场区设备支撑技术理论

通过对场区设备结构组成和技术原理进行分析归纳,可以看出场区设备在主要支撑技术组成上既有共性又有各自的特点。不同点主要集中在受控设备的工艺过程不同;共同点是设备自动化、信息化程度较高,现场测点类型和覆盖面较为全面。在对场区设备支撑技术组成进行分析后发现,场区设备之间在技术构成上存在多种技术相互交叉、渗透。通过对场区设备支撑技术类型进行整合发现,航天发射场区设备的特点是由工业控制器控制传动与执行装置,精密机电设备或智能仪表作为设备的操作界面,通过控制器或计算机内部程序反映设备工艺过程,进而实现所要求的功能。

结合主要场区设备和其相关支撑技术,可直接推出航天发射场场区设备的共性支撑技术,结果如图 3.1 所示。从图中可以看出,除了机械技术和空分技术之外,场区设备的其他支撑技术应该是自动控制技术(包括微控制器技术、PLC 技术)、伺服传动技术(包括液压、气动、伺服电机技术)、检测传感技术以及信息处理技术。由此可以对场区设备的技术特点作进一步的归纳,即是系统技术、计算机与信息处理技术、自动控制技术、检测传感技术、伺服传动技术和机械技术等多学科技术领域综合交叉的技术密集型系统工程技术。概括起来,航天发射场场区设备共性支撑技术主要包括检测传感技术、信息处理技术、智能控制技术、电气控制技术、变频传动技术和气动液压技术。

下面就航天发射场场区设备所涉及的共性支撑技术,从内涵、构成和特点等方面分别进行说明。

3.1 检测传感技术

检测传感技术是指与传感器(transducer/sensor)及其信号检测装置相关的技术。在设备中,传感器就如人体的感觉器官一样,通过相应的信号检测装置感知各种内、外部信息并反馈给控制及信息处理装置。因此,检测与传感是实现自动控制的关键环节。目前,航天发射场涉及的检测传感设备包括温湿度传感器、电流互感器、电机振动传感器、编码器(绝对、相对)、称重传感器等。另外,有时为了对设备状态进行全面分析,在设备中还安装一些辅助的检测装置,但总体来说,检测与传感装置的功能就是感受现场规定的被测量并按照一定的规律将它们转换成标准输出信号,这些信号可被设备控制系统接收处理。

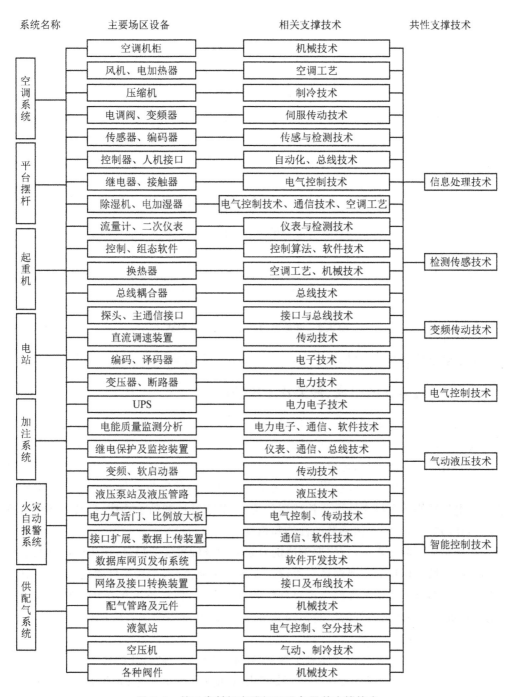

图 3.1 航天发射场主要场区设备及其支撑技术

3.1.1 检测系统的组成

设备中需要被检测的物理量分为电量和非电量两种形式。非电量检测系统有以下两个重要环节在设备设计上需要加以处理：

① 把各种非电量信息转换为电信号,这是传感器的功能,传感器又被称为一次仪表。

② 对转换后的电信号进行测量,并进行放大、运算、转换、记录、指示、显示等处理,即电信号处理系统,通常被称为二次仪表。

非电量检测系统的结构形式如图 3.2 所示。

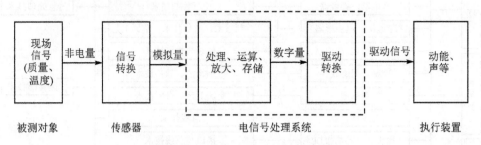

图 3.2 非电量检测系统的结构形式

对于电量检测系统,只保留了电信号的处理过程,省略了一次仪表的处理过程。

3.1.2 传感器的组成、种类及主要特性

传感器是指能感受到被测量的信息,并能将感受到的信息按一定规律变换成电信号或其他所需形式的信息输出,以满足信息的传输、处理、存储、显示、记录和控制等要求的检测装置。也就是说,传感器是一种以一定的精度将被测量转换为与之有确定对应关系的、易于精确处理和测量的某种物理量(如电量)的测量部件或装置。通常传感器将非电量转换成电量来输出。传感器的特性(静态特性和动态特性)是其内部参数所表现的外部特征,决定了传感器的性能和精度。

在利用信息的过程中,首先要解决的就是获取准确可靠的信息,而传感器是获取自然和生产领域中信息的主要途径与手段。在现代工业生产,尤其是自动化生产过程中,要用各种传感器来监视和控制生产过程中的各个参数,使设备工作在正常状态或最佳状态,从而使产品达到最好的质量。因此可以说,没有众多的优良的传感器,现代化生产也就失去了基础。

传感器的存在和发展让物体有了触觉、味觉和嗅觉等感官,让物体"活"起来。传感器是人类五官的延伸,其具有微型化、数字化、智能化、多功能化、系统化、网络化等特点,是实现自动检测和自动控制的首要环节。

1. 传感器的组成

传感器一般由敏感元件、转换元件、变换电路和辅助电源四部分组成,如图 3.3

所示。

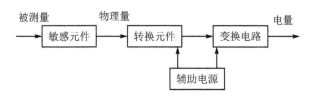

图 3.3　传感器的组成

敏感元件直接感受被测量,并输出与被测量有确定关系的物理量信号;转换元件将敏感元件输出的物理量信号转换为电信号;变换电路负责对转换元件输出的电信号进行放大调制;转换元件和变换电路一般还需要辅助电源供电。

2. 传感器的常见种类

(1) 电阻式传感器

电阻式传感器是指将被测量(如位移、形变、力、加速度、湿度、温度等物理量)转换成电阻值的一种器件,主要有电阻应变式传感器、压阻式传感器、热电阻传感器、热敏传感器、气敏传感器、湿敏传感器等。

1) 电阻应变式传感器

电阻应变式传感器中的电阻应变片具有金属的应变效应,即在外力作用下会产生机械形变,从而使电阻值随之发生相应的变化。电阻应变片主要有金属应变片和半导体应变片两类,金属应变片有金属丝式、箔式、薄膜式之分,半导体应变片具有灵敏度高(通常是金属丝式、箔式的几十倍)、横向效应小等优点。

2) 压阻式传感器

压阻式传感器是根据半导体材料的压阻效应在半导体材料的基片上经扩散电阻而制成的器件。其基片可直接作为测量传感元件,扩散电阻在基片内接成电桥形式。当基片受到外力作用而产生形变时,各电阻值将发生变化,电桥就会产生相应的不平衡输出。

用作压阻式传感器基片(或称膜片)的材料主要为硅片和锗片。硅片为敏感材料,用它制成的硅压阻式传感器越来越受到人们的重视,尤其以测量压力和速度的固态压阻式传感器应用最为普遍。

3) 热电阻传感器

热电阻测温是基于金属导体的电阻值随温度的增加而增加这一特性进行的。热电阻大都由纯金属材料制成,应用最多的是铂和铜,此外,已开始采用镍、锰和铑等材料制造热电阻。它们具有电阻温度系数大、线性好、性能稳定、使用温度范围宽、加工容易等特点。

热电阻传感器主要利用电阻值随温度变化而变化这一特性来测量温度及与温度有关的参数。在温度检测精度要求比较高的场合,这种传感器比较适用,可以用于测量 -200～500 ℃的温度。

（2）激光传感器

激光传感器是利用激光技术进行测量的传感器，由激光器、激光检测器和测量电路组成。它是新型测量仪表，其优点是能实现无接触远距离测量，速度快，精度高，量程大，抗光、电干扰能力强等。

当激光传感器工作时，由激光发射二极管对准目标发射激光脉冲，经目标反射后激光向各方向散射。部分散射光返回到传感器接收器，被光学系统接收后成像到雪崩光电二极管上。雪崩光电二极管是一种内部具有放大功能的光学传感器，能检测极其微弱的光信号，并将它转化为相应的电信号。

利用激光的高方向性、高单色性和高亮度等特点可实现无接触远距离测量。激光传感器常用于长度（ZLS－Px）、距离（LDM4x）、振动（ZLDS10X）、速度（LDM30x）、方位等物理量的测量，还可用于探伤和大气污染物的监测等。

（3）霍尔传感器

霍尔传感器是根据霍尔效应制作的一种磁场传感器，广泛应用于工业自动化、检测及信息处理等方面。霍尔效应是研究半导体材料性能的基本方法，通过霍尔效应实验测定的霍尔系数能够判断半导体材料的导电类型、载流子浓度及载流子迁移率等重要参数。

霍尔传感器分为线性型霍尔传感器和开关型霍尔传感器两种。

（4）温度传感器

温度传感器的种类很多，经常使用的有热电阻温度传感器（PT100、PT1000、Cu50、Cu100）、热电偶温度传感器（B、E、J、K、S 等）。温度传感器不但种类繁多，而且组合形式多样，应根据不同的场所选用合适的产品。

测温原理：根据电阻值、热电偶的电势随温度不同发生有规律的变化的原理，得到所需要测量的温度值。

（5）位移传感器

位移传感器又称线性传感器，是把位移转换为电量的传感器。它是一种属于金属感应的线性器件，其作用是把各种被测物理量转换为电量。它分为电感式位移传感器、电容式位移传感器、光电式位移传感器、超声波式位移传感器、霍尔式位移传感器。

在这种转换过程中有许多物理量（例如压力、流量、加速度等）常常需要先变换为位移，再变换成电量。因此，位移传感器是一类重要的基本传感器。在生产过程中，位移的测量一般分为测量实物尺寸和机械位移两种。机械位移包括线位移和角位移。按被测量变换的形式不同，位移传感器可分为模拟式位移传感器和数字式位移传感器两种。模拟式又可分为物性型（如自发电式）和结构型两种。常用位移传感器以模拟式结构型居多，包括电位器式位移传感器、电感式位移传感器、自整角机位移传感器、电容式位移传感器、电涡流式位移传感器、霍尔式位移传感器等。数字式位移传感器的一个重要优点是便于将信号直接送入计算机系统。这种传感器发展迅速，应用日益广泛。

（6）压力传感器

压力传感器是工业实践中最为常用的一种传感器，广泛应用于各种工业自控环境和众多行业。

（7）超声波测距传感器

超声波测距传感器采用超声波回波测距原理,运用精确的时差测量技术,检测传感器与目标之间的距离,采用小角度、小盲区超声波传感器,具有测量准确、无接触、防水、防腐蚀、低成本等优点,可用于液位、物位检测。它特有的液位、料位检测方式,可保证在液面有泡沫或大的晃动、不易检测到回波的情况下有稳定的输出。

3. 传感器的主要特性

反映传感器性能的指标是传感器的动静态特性。当传感器测量静态信号时,由于被测量不随时间变化,因此测量和记录过程不受时间限制。而实际中大量的被测量是随时间变化的动态信号,传感器的输出不仅需要精确地显示被测量的大小,还要显示被测量随时间变换的规律,即被测量的波形。

（1）传感器的静态特性

传感器的静态特性是指对于静态的输入信号,传感器的输出量与输入量之间所具有的相互关系。因为这时输入量和输出量都和时间无关,所以它们之间的关系(即传感器的静态特性)可用一个不含时间变量的代数方程(或以输入量作横坐标,把与它对应的输出量作纵坐标而绘出的特性曲线)来描述。表征传感器静态特性的主要参数有线性度、灵敏度、迟滞、重复性、漂移、分辨率和阈值等。

1)线性度

线性度是指传感器输出量与输入量之间的实际关系曲线偏离拟合直线的程度。定义为在全量程范围内实际特性曲线与拟合直线之间的最大偏差值与满量程输出值之比。

在通常情况下,传感器的实际静态特性输出是曲线而非直线。在实际工作中为使仪表具有均匀刻度的读数,常用一条拟合直线近似地代表实际的特性曲线,线性度(非线性误差)就是这个近似程度的一个性能指标。

拟合直线的选取有多种方法。如将零输入和满量程输出点相连的理论直线作为拟合直线;或将与特性曲线上各点偏差的平方和为最小的理论直线作为拟合直线,此拟合直线称为最小二乘法拟合直线。

2)灵敏度

灵敏度是表征传感器静态特性的一个重要指标,是指传感器在稳态工作情况下输出量变化 Δy 与输入量变化 Δx 的比值。它是输出-输入特性曲线的斜率。如果传感器的输出和输入之间是线性关系,则灵敏度 S 是一个常数。否则,它将随输入量的变化而变化。

灵敏度的量纲是输出量、输入量的量纲之比。例如,对于某位移传感器,当位移变化 1 mm 时,输出电压变化 200 mV,其灵敏度应表示为 200 mV/mm。当传感器的输出量、输入量的量纲相同时,可将灵敏度理解为放大倍数。

提高灵敏度,可得到较高的测量精度。但灵敏度愈高,测量范围愈窄,稳定性也往往愈差。

3）迟　滞

传感器在输入量由小到大（正行程）及输入量由大到小（反行程）变化期间其输入/输出特性曲线不重合的现象称为迟滞。对于同一大小的输入信号,传感器的正反行程输出信号大小不相等,这个差值称为迟滞差值。

4）重复性

重复性是指当传感器在输入量按同一方向作全量程连续多次变化时,所得特性曲线不一致的程度。

5）漂　移

传感器的漂移是指在输入量不变的情况下,传感器输出量随着时间变化的现象。产生漂移的原因有两个方面:一是传感器自身结构参数;二是周围环境（如温度、湿度等）。

6）分辨率

分辨率是指传感器可感受到的被测量的最小变化的能力。也就是说,如果输入量从某一非零值缓慢地变化,则当输入变化值未超过某一数值时,传感器的输出不会发生变化,即传感器对此输入量的变化是分辨不出来的。只有当输入量的变化超过分辨率时,其输出才会发生变化。

通常传感器在满量程范围内各点的分辨率并不相同,因此常用满量程中能使输出量产生阶跃变化的输入量中的最大变化值作为衡量分辨率的指标。上述指标若用满量程的百分比表示,则称为分辨率。分辨率与传感器的稳定性有负相关性。

7）阈　值

当传感器的输入从零值开始缓慢增加时,在达到某一值后输出发生可观测的变化,这个输入值称为传感器的阈值。

(2) 传感器的动态特性

动态特性是指当传感器的输入变化时,它的输出的特性。在实际工作中,传感器的动态特性常用它对某些标准输入信号的响应来表示,这是因为传感器对标准输入信号的响应容易用实验方法求得,并且它对标准输入信号的响应与它对任意输入信号的响应之间存在一定的关系,往往知道了前者就能推定后者。因为最常用的标准输入信号有阶跃信号和正弦信号两种,所以传感器的动态特性也常用阶跃响应和频率响应来表示。

3.1.3　传感器的选型原则

1. 灵敏度

通常,在传感器的线性范围内,希望传感器的灵敏度越高越好,因为只有当灵敏度高时,与被测量变化对应的输出信号的值才比较大,这有利于信号处理。但要注意的是,传感器的灵敏度高,与被测量无关的外界噪声也容易混入,会被放大系统放大,影响测量精度。因此,要求传感器本身应具有较高的信噪比,尽量减少从外界引入的干扰信号。

传感器的灵敏度是有方向性的。当被测量是单向量而且对其方向性要求较高时,应选择其他方向灵敏度小的传感器;如果被测量是多维向量,则要求传感器的交叉灵敏度越小越好。

2. 频率响应特性

传感器的频率响应特性决定了被测量的频率范围,必须在允许频率范围内保持不失真。实际上传感器的响应总有一定延迟,希望延迟时间越短越好。

传感器的频率响应越高,可测的信号频率范围就越宽。

在动态测量中,应根据信号的特点(稳态、瞬态、随机等)响应特性,以免产生过大的误差。

3. 线性范围

传感器的线性范围是指输出与输入成正比的范围。从理论上讲,在此范围内灵敏度保持定值。传感器的线性范围越宽,其量程越大,并且能保证一定的测量精度。当选择传感器时,传感器的种类确定以后首先要看其量程是否满足要求。

实际上,任何传感器都不能保证绝对的线性,其线性度也是相对的。当所要求的测量精度比较低时,在一定的范围内,可将非线性误差较小的传感器近似看作线性的,这会给测量带来极大的方便。

4. 稳定性

传感器在使用一段时间后,其性能保持不变的能力称为稳定性。影响传感器长期稳定性的因素除传感器本身的结构外,主要是传感器的使用环境。因此,要使传感器具有良好的稳定性,它必须要有较强的环境适应能力。

在选择传感器之前,应对其使用环境进行调查,并根据具体的使用环境选择合适的传感器,或采取适当的措施减小环境的影响。

传感器的稳定性有定量指标,在超过使用期后,在使用前应重新进行标定,以确定传感器的性能是否发生变化。

在某些要求传感器能长期使用而又不能轻易更换或标定的场合,对于所选用的传感器稳定性要求更严格,要能够经受住长时间的考验。

5. 精　度

精度是传感器的重要性能指标,是关系到整个测量系统测量精度的重要环节。传感器的精度越高,其价格越昂贵,因此,传感器的精度只要满足整个测量系统的精度要求就可以,不必选得过高。这样就可以在满足同一测量目的的诸多传感器中选择比较便宜和简单的传感器配件。

如果测量目的是定性分析的,则选用重复精度高的传感器即可,不宜选用绝对量值精度高的;如果是为了定量分析,必须获得精确的测量值,就需选用精度等级能满足要求的传感器。

3.1.4 信号传输与处理

当处于测试工作关键节点时,要求场区设备能够快速响应,同样也就要求传感器能快速、精确地获取信息并将信息传输给设备控制系统进行决策参考。因此,传感器的信号传输和处理就显得尤为关键。

传感器输出信号一般比较微弱(mV级),有时夹杂其他信号(干扰或载波)。因此,在传输过程中需要依据传感器输出信号的具体特征和后端系统的要求,对传感器输出信号进行各种形式的处理(如阻抗变换、电平转换、屏蔽隔离、放大、滤波、调制、解调、A/D和D/A等),同时还要考虑在传输过程中可能受到的干扰影响(如噪声、温度、湿度、磁场等),采取一定的措施。传感器信号处理电路的内容要依据被测对象的特点和环境条件来决定。

传感器信号处理电路内容的选择所要考虑的问题主要包括:

① 传感器输出信号形式,是模拟信号还是数字信号,是电压还是电流。
② 传感器输出电路形式,是单端输出还是差动输出。
③ 传感器电路输出能力,是电压还是功率,输出阻抗大小。
④ 传感器的特性,如线性度、信噪比、分辨率。

3.2 信息处理技术

信息处理技术包括信息的采集、通信、运算处理和决策等技术,实现信息处理的主要工具是计算机(含控制器、智能仪表),因此,计算机技术与信息处理技术是密切相关的。计算机技术包括计算机硬件技术和软件技术、网络与通信技术、数据库技术等。在航天发射场场区设备中,计算机信息处理装置控制设备的运行,信息处理是否正确、及时,直接影响到设备工作的质量和效率。计算机应用及信息处理技术已成为促进航天发射场场区设备信息化发展的最活跃因素,人工智能、专家系统、神经网络技术等都属于计算机与信息处理技术范畴。

3.2.1 设备通信协议

设备通信协议是不同设备之间安装标准的通信规约进行数据交换的约定,主要包括 MODBUS、LonWorks、CAN、PROFIBUS-DP、DDE 和 OPC 通信协议,有的协议为标准通用型,有的协议为专用设备使用。这些协议有的应用于总线通信,有的仅用于设备之间的通信。

1. MODBUS 通信协议

MODBUS 通信协议是一种工业现场总线通信协议,定义的是一种设备控制器可以识别和使用的信息帧结构,独立于物理层介质,可以承载于多种网络类型中。MOD-BUS 通信协议把通信参与者规定为主站和从站,数据和信息的通信遵从主/从模式,当它应用于标准 MODBUS 网络时,信息被直接传送。MODBUS 总线网络中的各个智能设备通过异步串行总线连接起来,只允许一个控制器作为主站,其余智能设备作为从站。采用命令/应答的通信方式,主站发出请求,从站应答请求并送回数据或状态信息,从站不能够自己发送信息。MODBUS 通信协议定义的各种信息帧格式描述了主站控制器访问从站设备的过程,规定从站怎样做出应答响应,以及检查和报告传输错误等。网络中的每个从设备都必须分配给一个唯一的地址,只有符合地址要求的从设备才会响应主设备发出的命令。

由于 MODBUS 总线系统开发成本低、简单易用,并且现在已有很多工控器、PLC、变频器、显示屏等都具有 MODBUS 通信接口,因此它已经成为一种公认的通信标准。通过 MODBUS 总线可以很方便地将不同厂商生产的控制设备连成工业网络,进行集中监控。MODBUS 通信协议最初为 PLC 通信而设计,通过 24 种总线命令实现 PLC 与外界的信息交换。这些总线命令对应的通信功能主要包括 AI/AO、DI/DO 的数据传送。

MODBUS 通信协议的结构和应用都相对简单,在控制系统中应用非常广泛,主要集中在电力自动化系统、氧气质量浓度报警系统以及火灾自动报警系统中。

2. LonWorks 通信协议

LonWorks 总线是由美国 Echelon 公司推出,并与摩托罗拉、东芝公司共同倡导,于 1990 年正式公布的局部操作网络,最初主要用于楼宇自动化,但很快发展到工业现场网。LonWorks 技术为设计和实现可互操作的控制网络提供了一套完整、开放、成品化的解决途径。其核心是神经元芯片(neuron chip),该芯片内部装有 3 个微处理器:MAC 处理器完成介质访问控制,网络处理器完成 OSI 的网络协议,应用处理器完成用户现场控制应用。它们之间通过公用存储器传递数据。

在控制单元中需要采集和控制功能,为此,神经元芯片特设置 11 个 I/O 口。这些I/O 口可根据需求不同来灵活配置与外围设备的接口,如 RS232、并口、定时/计数、间隔处理、位 I/O 等。

神经元芯片还有一个时间计数器,从而能实现 Watchdog、多任务调度和定时功能。一个小小的神经元芯片不仅具有强大的通信功能,更集采集、控制于一体。在理想情况下,一个神经元芯片加上几个分离元件便可成为 DCS 系统中一个独立的控制单元。

LonWorks 总线采用 ISO/OSI 模型 7 层通信协议,通信速率为 300 bit/s ~ 1.5 Mbit/s,通信距离可达 2 700 m,支持双绞线、同轴电缆、光纤、射频、红外线等多种通信介质。它广泛应用于远距离通信、测试、仪表通信以及工业现场控制。电力自动化系统应用结构示例如图 3.4 所示。

3. CAN 通信协议

CAN(controller area network,即控制器局域网),属于现场总线的范畴,是一种有效支持分布式控制系统的串行通信网络,是由德国博世公司在 20 世纪 80 年代专门为汽车行业开发的一种串行通信总线。它由于高性能、高可靠性以及独特的设计越来越

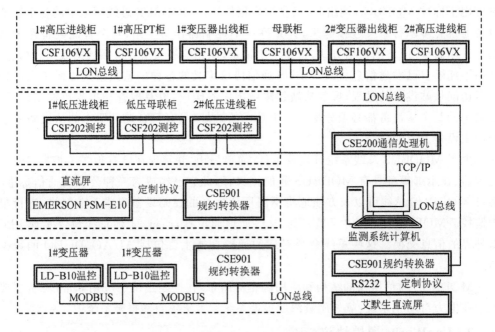

图 3.4　电力自动化系统应用结构示例

受到人们的重视,又因为它能够检测出产生的任何错误,因此被广泛应用于诸多领域。当信号传输距离达到 10 km 时,CAN 仍可提供高达 50 kbit/s 的数据传输速率。由于 CAN 总线具有很高的实时性能和应用范围,因此从位速率最高可达 1 Mbit/s 的高速网络到低成本多线路的 50 kbit/s 的网络都可以任意搭配。CAN 已经在汽车业、航空业、工业控制、安全防护等领域中得到了广泛应用。

　　CAN 总线使用串行数据传输方式,可以 1 MB/s 的速率在 40 m 的双绞线上运行,也可以使用光缆连接,而且在这种总线上总线协议支持多主控制器。当 CAN 总线上的一个节点(站)发送数据时,它以报文形式广播给网络中所有节点。对每个节点来说,无论数据是不是发给自己的,都对它进行接收。每组报文开头的 11 位字符为标识符,定义了报文的优先级,这种报文格式称为面向内容的编址方案。在同一系统中标识符是唯一的,不可能有两个站发送具有相同标识符的报文。当几个站同时竞争总线读取时,这种配置十分重要。

　　当一个站要向其他站发送数据时,该站的 CPU 将要发送的数据和自己的标识符传送给本站的 CAN 芯片,并处于准备状态;当它收到总线分配时,转为发送报文状态。CAN 芯片将数据根据协议组织成一定的报文格式发出,这时网上的其他站处于接收状态。每个处于接收状态的站对接收到的报文进行检测,判断这些报文是不是发给自己的,以确定是否接收它。由于 CAN 总线是一种面向内容的编址方案,因此很容易建立高水准的控制系统并灵活地进行配置。人们可以很容易地在 CAN 总线中加进一些新站而无须在硬件或软件上进行修改。当所提供的新站是纯数据接收设备时,数据传输协议不要求独立的部分有物理目的地址。它允许分布过程同步化,即当总线上控制器需要测量数据时,可由网上获得,而无须每个控制器都有自己独立的传感器。

4. PROFIBUS-DP 通信协议

PROFIBUS 是英文"process field bus"的简写,中文为"过程现场总线"。PROFI-BUS 通信协议是一种开放式、不依赖于生产商的国际标准总线协议,因其具有数字化、开放性、分散性以及对现场环境的适应性等特点而获得了非常广泛的应用,最早收录于欧洲标准 EN 50170,后来成为国际标准 IEC 61158。PROFIBUS 通信协议是包含三种协议的集合,三种协议分别是:PROFIBUS-DP(distributed peripherals)、PROFIBUS-PA(process automation)和 PROFIBUS-FMS(fieldbus message specification)通信协议。

PROFIBUS-DP 通信协议中的"DP"是英文"distributed peripherals"的缩写,中文为"分布式外围设备"。

PROFIBUS-DP 通信协议把网络上的设备分为两种:主站和从站。PROFIBUS-DP 主站需要知道 PROFIBUS 网络上的 DP 从站的地址、DP 从站的类型、数据交换区和诊断缓存区。PROFIBUS-DP 主站启动整个网络的通信并初始化 DP 从站,首先根据 DP 地址把硬件组态信息(参数及 I/O 配置)写入相应的从站。如果该地址的从站存在,则它会接收该配置信息并且与自身实际的 I/O 配置进行比较,并把结果写到自身的诊断缓存区。PROFIBUS-DP 主站会去读取 DP 从站的缓存区信息,从而判断从站是否接收了主站的配置命令。一旦从站接收了主站的配置,主-从关系便确立起来。

主从关系确立后,PROFIBUS-DP 主站与 DP 从站便开始交换数据。DP 主站可以把数据写入 DP 从站的数据输入(input)区,也可以从 DP 从站的数据输出(output)区读取数据;DP 从站可以把数据写入 DP 主站的数据输入区,也可以从 DP 主站的数据输出区读取数据。

如果 DP 从站发生故障,则它会把故障信息写入自身的诊断缓存区,DP 主站通过读取 DP 从站的诊断缓存区信息,就能发现从站的故障并发出报警(故障灯亮起)。

需要说明的一点是:PROFIBUS-DP 网络可能存在多个主站,并不是每一个主站都能与从站进行数据交换(读写)。只有建立了主-从关系的主站与从站之间才能交换数据,其他主站只能读取从站的信息,而不能写入。

PROFIBUS-DP 一般用于控制器之间的高速数据通信,主站通过标准的 DP 电缆与分散的现场设备进行通信,对整个 DP 网络进行管理和控制。此外,它还提供强大的网络以及参数配置、故障诊断和报警处理等非循环通信。

5. DDE 和 OPC 通信协议

DDE(dynamic data exchange,动态数据交换)技术采用标准 Windows 编程技术实现不同应用程序之间的数据交换,通过在总线网络之间增加中间系统实现不同总线上的信息交换,主要用于组态软件和设备通信程序之间的信息交换。其优点是实时性强,缺点是当协议复杂时软件的工作量过大,一般用于简单小型系统。

OPC(OLE process control,用于过程控制的嵌入式对象)由一系列标准接口、属性和方法组成,用于不同供货商开发的硬件和软件之间进行数据交换。用户只需开发针对 OPC 服务器的程序,其主要应用为对西门子控制器 OPC 服务器的访问。

DDE 应用成本相对较低,而 OPC 在数据传输速率和可靠性方面有较大优势。在实际使用过程中,要根据实际情况进行选择。

3.2.2　组态软件

组态软件是指一些数据采集与过程控制的专用软件,它们是在自动控制系统监控层一级的软件平台和开发环境,能以灵活多样的组态方式(而不是编程方式)提供良好的用户开发界面和简洁的使用方法,其预设置的各种软件模块可以非常容易地实现和完成监控层的各项功能,并能同时支持各种硬件厂家的计算机和 I/O 设备,与高可靠的工控计算机和网络系统结合,可向控制层和管理层提供软、硬件的全部接口,进行系统集成。目前世界上有不少专业厂商(包括专业软件公司和硬件/系统厂商)生产和提供各种组态软件产品。目前常见的组态软件主要包括 WinCC、InTouch、Citech、CSC2000、WIZCON、组态王、因泰莱、南瑞等。以下着重就组态王软件的相关技术和应用进行说明。

组态王软件由工程浏览器(TouchExplorer)、工程管理器(ProjManager)和界面运行系统(TouchVew)三部分组成。在工程浏览器中可以查看工程的各个组成部分,也可以完成数据库的构造、定义外部设备等工作。工程管理器内嵌界面管理系统,用于新工程的创建和已有工程的管理。界面的开发和运行由工程浏览器调用界面制作系统 TOUCHMAK 和工程运行系统 TOUCHVEW 来完成。

组态王软件把那些需要与之交换数据的设备或程序都作为外部设备。外部设备包括:下位机(PLC、仪表、模块、板卡、变频器等),它们一般通过串行口和上位机交换数据;其他 Windows 应用程序,它们之间一般通过 DDE 交换数据;局域网络上的其他计算机。同时组态王软件还支持多种数据交换模式(如 DDE、OPC)。对于需要进行网络浏览的数据,它还可通过 WEB 发布功能实现在线发布浏览。

目前,组态王软件在设备监控系统构建中得到了广泛应用,并对它进行功能扩展应用,如数据交换、网络传输、内部编程、WEB 发布等。

3.2.3　通信接口

设备通信接口主要包括 RS232、RS485 和 RS422 三种类型。

RS232 是一种串行物理接口标准,RS 是英文"recommended standard"的缩写,中文为"推荐标准",232 为标识号。RS232 总线标准设有 25 条信号线,包括一个主通道和一个辅助通道。对于一般双工通信,仅需几条信号线就可实现,如一条发送线、一条接收线及一条地线。RS232 标准规定的数据传输速率为每秒 50、75、100、150、300、600、1 200、2 400、4 800、9 600、19 200 波特。RS232 - C 标准规定,驱动器允许有 2 500 pF 的电容负载,通信距离将受此电容限制。例如,当采用 150 pF/m 的通信电缆时,最大通信距离为 15 m;若每米电缆的电容量减小,则通信距离可以增加。传输距离短的另一原因是 RS232 属单端信号传送,存在共地噪声和不能抑制共模干扰等问题,因此一般用于 20 m 以内的通信。

当要求通信距离为几十米到上千米时,广泛采用 RS485 串行总线标准。RS485 由于采用平衡发送和差分接收,因此具有抑制共模干扰的能力,加上总线收发器具有高灵敏度,能检测低至 200 mV 的电压,故传输信号能在千米以外得到恢复。RS485 采用半双工工作方式,任何时候只能一点处于发送状态,因此,发送电路须由使能信号加以控制。RS485 用于多点互连时非常方便,可以省掉许多信号线。应用 RS485 可以联网构成分布式系统,它允许最多并联 32 台驱动器和 32 台接收器。

RS422 总线、RS485 和 RS422 电路原理基本相同,都以差动方式发送和接收,不需要数字地线。差动工作是同速率条件下传输距离远的根本原因,这正是二者与 RS232 的根本区别,因为 RS232 是单端输入输出,所以当双工工作时至少需要数字地线、发送线和接受线三条线(异步传输),还可以加其他控制线实现同步等功能。RS422 通过两对双绞线可以全双工工作收发互不影响;而 RS485 只能半双工工作,收发不能同时进行,但它只需要一对双绞线。RS422 和 RS485 在 19 kbit/s 下能传输 1 200 m。在新型收发器线路上可连接多台设备。

对于不同通信接口的设备,如果需要实现互联,则可通过转换接口实现转接,也就是在不同通信网络之间增加接口转换和协议转换装置,实现电气信号的统一和信息识别转发。但因为转换接口需要对数据进行计算和转换,所以实时性较差,当数据量大时,就会成为实时通信的瓶颈。

3.3 智能控制技术

随着航天发射场场区设备信息化建设的不断发展,场区设备的数字化和信息化程度得到大幅提高,PLC、智能仪表、变频器等具有数字接口的设备在航天发射场场区设备中得到广泛应用。系统以 PLC 为控制核心,通过系统集成和组态软件实现过程控制和外部数据交换,这种模式在航天发射场场区设备中的应用已相对普遍。这些应用都属于智能控制技术的领域。

3.3.1 PLC

1. PLC 的产生和发展

可编程逻辑控制器,简称 PLC(programmable logical controller),也常被称为可编程控制器,即 PC(programmable controller)。它是微型计算机技术与继电接触器常规控制概念相结合的产物,即采用微型计算机的基本结构和工作原理,融合继电接触器控制的概念构成的一种新型电控器。它专为在工业环境下应用而设计,采用可编程序的存储器存储执行逻辑运算、顺序控制、定时、计数和算术运算等操作的指令,并通过数字式、模拟式地输入和输出,控制各种类型的机械或生产过程。

PLC 于 20 世纪 60 年代末在美国首先出现,目的是用来取代继电器,执行逻辑、计时、计数等顺序控制功能,建立逻辑控制系统。1968 年美国通用汽车公司提出替代继电器控制系统的新型控制器的十项指标(GM 十条):

① 编程简单、现场可修改程序。

② 维护方便、采用插件式结构。

③ 可靠性高于继电器控制系统。

④ 体积小于继电器控制系统。

⑤ 数据可以直接送入计算机。

⑥ 成本可与继电器系统竞争。

⑦ 输入可为市电。

⑧ 输出可为市电,能直接驱动电磁阀、交流接触器等。

⑨ 通用性强、易于扩展。

⑩ 用户存储器大于 4 kB。

美国从 1971 年开始输出技术,1973 年以后,联邦德国、日本、英国、法国相继开发了各自的 PLC,并广泛应用。几十年来,PLC 的发展异常迅猛,它的应用领域非常广泛。PLC 的出现和发展是工业控制技术上的一个飞跃。PLC 在我国机械、冶金、化工、轻工的大多数工业部门已开始得到广泛应用,其应用在工业界产生了巨大的影响。

PLC 的发展经历了五个重要时期:

① 从产生到 20 世纪 70 年代初期。CPU 由中小规模数字集成电路组成,存储器为磁芯存储器,控制功能比较简单。

② 20 世纪 70 年代末期。采用 CPU 微处理器,存储器采用半导体存储器,体积减小,数据处理能力有很大提高。

③ 20 世纪 70 年代末到 80 年代中期。PLC 开始采用 8 位和 16 位微处理器,使数据处理能力和速度大大提高。

④ 20 世纪 80 年代中期到 90 年代中期。超大规模集成电路促使 PLC 完全计算机化,CPU 已经开始采用 32 位微处理器。

⑤ 20 世纪 90 年代中期至今。PLC 使用 16 位和 32 位微处理器,出现了智能化模块,可以实现对各种复杂系统的控制。

PLC 经过多年的发展,现已形成了完整的产品系列,其功能与昔日的初级产品不可同日而语,其强大的软、硬件功能已接近或达到计算机功能。

PLC 自问世以来,经过几十年的发展,功能越来越强大,应用范围也越来越广泛,其足迹已遍及国民经济的各个领域,但 PLC 的主要应用领域是工业控制自动化。不同的企业对自动化程度的要求都不相同。不仅需要发展适合于大、中型企业的高水准的 PLC 网络系统,而且也要发展适合小型企业性能价格比高的小型 PLC 控制系统。因此,PLC 控制系统将朝着两个方向发展:一是作为控制系统的关键设备,PLC 将朝着体积更小、速度更快、功能更强、价格更低的方向发展,即向小型化、微型化方向发展;二是向大型化、网络化、多功能方向发展。

2．PLC 的特点

（1）通用性强

由于采用了微型计算机的基本结构和工作原理，而且接口电路考虑了工业控制的要求，输出接口能力强，因而对不同的控制对象，可以采用相同的硬件，只须编制不同的软件，就可实现不同的控制。

（2）接线简单

只要将用于控制的接线、限位开关和光电开关等接入控制器的输入端，将被控制的电磁铁、电磁阀、接触器和继电器等功率输出元件的线圈接到控制器的输出端，就完成了全部的接线任务。

（3）编程容易

一般使用与继电接触器控制电路原理图相似的梯形图或用面向工业控制的简单指令形式编程。因而编程语言形象直观，容易掌握，具有一定的电工和工艺知识的人员可在短时间学会并应用自如。

（4）抗干扰能力强、可靠性高

因 PLC 的输入输出采取了隔离措施，并应用大规模集成电路，故它能适应各种恶劣的环境，能直接安装在机器设备上运行。

（5）容量大、体积小、质量轻、功耗小、成本低，维修方便

例如一台具有 128 个输入输出点的小型 PLC，其尺寸为 216 mm×127 mm×110 mm，质量约 2.3 kg，空载功耗为 1.2 W，它可以实现相当于 400～800 个继电器组成的系统的控制功能，而其成本仅相当于相同功能继电器系统的 10%～20%；PLC 一般采用模块结构，又具有自诊断功能，判断故障迅速方便，维修时只须更换插入式模块，因而维修十分方便。

3．PLC 的分类

（1）按结构形式分类

PLC 按结构形式可分为整体式和模块式两类。

（2）按 I/O 点数和存储容量分类

① 小型 PLC：I/O 点数在 256 点以下，存储器容量为 2 KB。

② 中型 PLC：I/O 点数为 256～2 048 点，存储器容量为 2～8 KB。

③ 大型 PLC：I/O 点数在 2 048 点以上，存储器容量在 8 KB 以上。

4．PLC 的应用领域

① 开关量逻辑控制：这是 PLC 最基本、最广泛的应用领域。

② 运动控制：PLC 可用于直线运动或圆周运动的控制。

③ 闭环过程控制：PLC 通过模拟量模块实现模拟量与数字量的 A/D、D/A 转换，能够实现对模拟量的控制。

④ 数据处理：现代的 PLC 具有数学运算（包括矩阵运算、函数运算、逻辑运算）、数据传递、排序和查表、位操作等功能；可以完成数据的采集、分析和处理，可以与存储器

中存储的参考数据相比较,也可以传送给其他智能装置或传送给打印机打印制表。

⑤ 联网通信:PLC 的通信包括 PLC 与 PLC 之间、PLC 与上位计算机之间和其他的智能设备之间的通信。

5. PLC 的硬件组成

PLC 生产厂家很多,产品的结构也各不相同,但其基本构成是一样的,都采用计算机结构,如图 3.5 所示,都以微处理器为核心,通过硬件和软件的共同作用来实现其功能。PLC 主要由六部分组成:CPU(中央处理器)、存储器、输入/输出(I/O)接口电路、电源、外部设备接口、I/O 扩展接口。

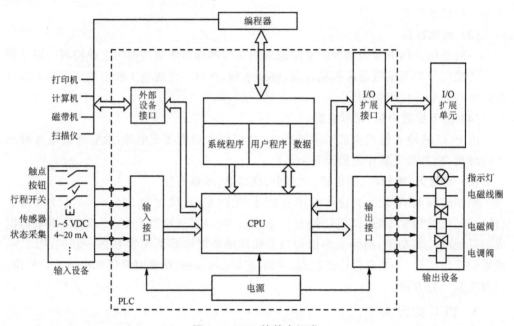

图 3.5　PLC 的基本组成

(1) CPU

CPU 指挥 PLC 实现各种预定的功能:输入并存储用户程序、显示输入内容和地址;检查、校验用户程序,发现错误即报警;执行用户程序、驱动外部输出设备动作;诊断故障、记忆故障信息并报警。

CPU:从程序存储器读取程序指令,编译、执行指令;将各种输入信号取入;把运算结果送到输出端;响应各种外部设备的请求。

(2) 存储器

系统程序存储器用于存储系统程序;用户程序存储器用于存储系统用户程序;工作数据存储器用于存储工作数据。

RAM:存储各种暂存数据、中间结果、用户正调试的程序。

ROM:存放监控程序和用户已调试好的程序。

（3）I/O 单元

I/O 单元是 PLC 与外部设备联系的桥梁。I/O 单元分类如图 3.6 所示。

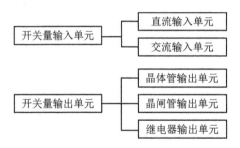

图 3.6　I/O 单元分类

输入/输出接口采用光电隔离，实现了 PLC 的内部电路与外部电路的电气隔离，减小了电磁干扰。

① 输入接口作用：将按钮、行程开关或传感器等产生的信号转换成数字信号送入主机。

② 输出接口作用：将主机向外输出的信号转换成可以驱动外部执行电路的信号，以便控制接触器线圈等电器；另外，输出电路也使计算机与外部强电隔离。

按照 PLC 的类型不同，输出接口电路一般分为继电器输出型、晶体管输出型和晶闸管输出型 3 类，以满足各种用户的需要。其中继电器输出型为有触点的输出方式，可用于直流或低频交流负载；晶体管输出型和晶闸管输出型都是无触点的输出方式，前者适用于高速、小功率直流负载，后者适用于高速、大功率交流负载。

（4）电　源

PLC 一般采用 AC220 V 电源，经整流、滤波、稳压后可变换成供 PLC 的 CPU、存储器等电路工作所需的直流电压，有的 PLC 也采用 DC24 V 电源供电。为保证 PLC 工作可靠，大都采用开关型稳压电源。有的 PLC 还向外部提供 24 V 直流电源。

（5）I/O 扩展接口

I/O 扩展接口是用来扩展输入、输出点数的。当用户输入、输出点数超过主机的范围时，可通过 I/O 扩展接口与 I/O 扩展单元连接，以扩充 I/O 点数。A/D 和 D/A 单元以及连接单元一般也通过该接口与主机连接。

6. PLC 的运行机制

PLC 采用循环扫描的工作方式，可以看成一种由系统软件支持的扫描设备，不论用户程序运行与否，它都周而复始地进行循环扫描，并执行系统程序规定的任务。每一个循环所经历的时间称为一个扫描周期。一次循环扫描过程可归纳为五个工作阶段，每个工作阶段完成不同的任务，其工作过程如图 3.7(b) 所示。PLC 上电后首先进行初始化，然后进入循环扫描工作过程，当 PLC 运行时按存储程序的内容逐条执行，以完成工艺流程要求的操作。

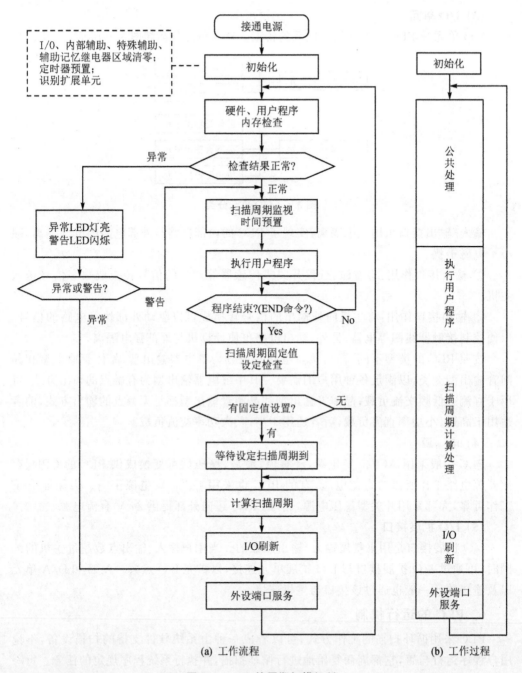

图 3.7 PLC 的周期扫描机制

7. PLC 的软件系统

(1) PLC 软件构成

PLC 的软件系统包含系统程序和用户程序。

1）系统程序

系统程序是由 PLC 的制造者采用汇编语言编写的，固化于 ROM 型系统程序存储器中，用于控制 PLC 本身的运行，用户不能更改。

系统程序分为系统管理程序、用户指令解释程序、标准程序模块和系统调用程序。

2）用户程序

用户程序又称应用程序，是用户为完成某一控制任务而利用 PLC 的编程语言编制的程序。用户程序线性地存储在系统程序制定的存储区内。

用户环境是由系统程序生成的，包括用户数据结构、用户元件区、用户程序存储区、用户参数、文件存储区等。

用户程序结构大致可以分为三种：线性程序、分块程序、结构化程序。

用户程序语言：PLC 的编程语言有多种，其中梯形图、语句表、功能块图是三种基本语言。

（2）PLC 的程序控制工作原理

1）接线程序控制与存储程序控制

继电接触器控制系统，又称接线程序控制系统，是通过电器元器件的固定接线来实现控制逻辑、完成控制任务的。

在 PLC 控制系统中，用户根据控制要求编制出相应的控制程序，并写入 PLC 的程序存储器中。当系统运行时，PLC 将程序执行结果输出给相应的输出设备，控制被控对象工作。这种控制称为存储程序控制。

2）PLC 的循环扫描工作过程

PLC 的工作方式为循环扫描方式，其工作流程大致分为 3 个阶段：输入采样、程序执行和输出刷新。PLC 循环扫描工作流程如图 3.8 所示。

PLC 上电后，首先检查硬件是否正常。若正常，则进行下一步；若不正常，则报警并作处理。按自上而下的顺序，逐条读用户程序并执行。对输入的的数据进行处理，将结果存入元件映像寄存器。计算扫描周期。I/O 刷新阶段。读输入点的状态并写入输入映像寄存器。将元件映像寄存器的状态经输出锁存器、输出电路送到输出点、外设端口服务。

（3）PLC 执行用户程序的特点

按梯形图自左向右、自上而下逐次执行程序；执行程序所需数据取自输入映像寄存器、元件映像寄存器；输入映像寄存器中的数据在一个扫描周期中保持不变，元件映像寄存器中的数据在一个扫描周期中可读可写；每个扫描周期的 I/O 刷新阶段集中读入/读出数据。

（4）PLC 的 I/O 滞后现象

从对 PLC 工作过程的分析中可知，由于 PLC 采用循环扫描的工作方式，而且只在每个扫描周期的 I/O 刷新阶段集中输入并集中输出信号，因此必然会产生输出信号相对输入信号的滞后现象。响应时间或滞后时间是指从 PLC 的输入端有一个输入信号发生变化到 PLC 的输出端对该输入信号的变化做出反应需要的时间。它是 PLC 控制

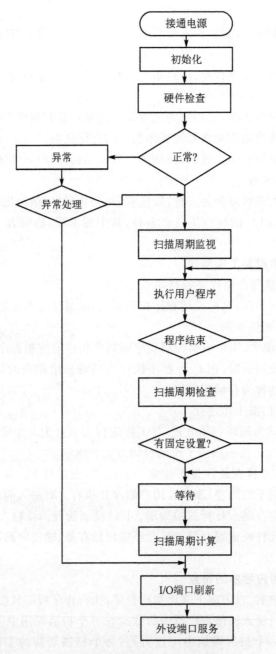

图 3.8　PLC 循环扫描工作流程

系统的一个重要参数。

滞后时间的长短与以下因素有关：

① 输入电路滤波时间。它由 RC 滤波电路的时间常数决定。改变时间常数可调整输入延迟时间。

② 输出电路的滞后时间。它与输出电路的输出方式有关。继电器输出方式的滞后时间为 10 ms 左右；对于双向晶闸管输出方式，当接通负载时滞后间约为 1 ms，当切断负载时滞后时间小于 10 ms；晶体管输出方式的滞后间小于 1 ms。

③ PLC 的循环扫描工作方式。

④ PLC 对输入采样、输出刷新的集中处理方式。

⑤ 用户程序中语句的安排。

8. PLC 的主要指标

(1) I/O 点数

I/O 点数是指 PLC 上 I/O 端子的个数。I/O 点数越多，外部可接的输入和输出元器件就越多，控制规模就越大。

(2) 存储容量

存储容量指的是用户程序存储器的容量。有的 PLC 也用存放用户程序的指令条数来表示容量。

(3) 扫描速度

扫描速度是指 PLC 执行程序的速度，是衡量 PLC 性能的重要指标。

(4) 指令的种类和条数

编程指令的种类和条数是衡量 PLC 软件功能强弱的主要指标。

(5) 特殊 I/O 单元(高级模块或智能模块)

PLC 不仅能完成开关量的逻辑控制，而且利用特殊 I/O 单元可完成模拟量控制、运动控制、模糊控制、定位控制、高速中断控制、通信联网等。

(6) 编程语言

符合 IEC 61131-3 标准的编程语言，为用户提供方便的编程环境。

经过多年的发展，基于 PLC 的控制系统已十分成熟与完善，并具有较大的存储能力和功能很强的输入输出接口。系统不仅具有逻辑运算、计时、计数等功能，还具备数值运算、模拟调节、实时监控、记录显示、计算机接口(人机界面)、数据传送等功能，并能进行中断控制、智能控制、过程控制、远程(总线)控制等。同时，可通过网络与上位机通信，配备数据采集系统、数据分析系统、彩色图像系统的操纵台，基本满足控制过程的全面要求。

3.3.2 PLC 产品——SIMATIC S7-1200PLC

SIMATIC 系列产品的定位如图 3.9 所示，这里以 SIMATIC S7-1200PLC 为例介绍 PLC 产品。SIMATIC S7-1200PLC 是专门为中小型自动化控制系统设计的 PLC，具有使用灵活、功能强大的特点，可用于控制各种各样的设备来满足多个行业自动化控制的需求。SIMATICS7-1200PLC 设计紧凑、组态灵活而且指令功能强大，用户易于上手，根据项目工艺要求设计出理想的控制逻辑来完成控制需求。它实现了紧凑设计下的高性能，并且仍然适合在较低的性能范围内实现最复杂的任务。

SIMATIC S7-1200PLC 具有集成的 PROFINET 接口、强大的集成工艺功能和灵

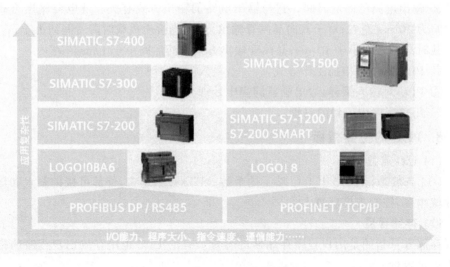

图 3.9 SIMATIC 系列产品的定位

活的可扩展性等,为各种工艺任务提供了简单的通信和有效的解决方案,尤其满足多种应用中完全不同的自动化需求。下面对 SIMATIC S7-1200PLC 作一个简单介绍。

1. SIMATIC S7-1200PLC 的主要特点

(1) 安装简单方便

所有 SIMATIC S7-1200PLC 的硬件都有内置的卡扣,可简单方便地安装在标准的 35 mm DIN 导轨上。这些内置的卡扣也可以卡入已扩展的位置,当需要安装面板时,可提供安装孔。SIMATIC S7-1200PLC 的硬件可以安装在水平或竖直的位置,也可为用户提供其他安装选项。这些集成的功能在安装过程中为用户提供了最大的灵活性,并使 SIMATIC S7-1200PLC 为各种应用提供了实用的解决方案。

(2) 结构紧凑、节省空间的设计

所有 SIMATIC S7-1200PLC 的硬件都经过专门的紧凑设计,相对于其他系列的 PLC,它的 CPU 控制单元设计小巧,为用户节省了控制面板的大量空间。例如,经过测量,CPU 1214C 的宽度仅为 110 mm,CPU 1212C 和 CPU 1211C 的宽度仅为 90 mm。这种紧凑的模块化设计方式为用户带来了灵活性,并且易于安装,节约了控制柜的空间和成本。结合通信模块和信号模块的较小占用空间,在安装过程中该模块化的紧凑系统节省了宝贵的空间,为用户提供了最高效率和最大灵活性。

(3) 集成性好

SIMATIC S7-1200PLC 在 CPU 上集成有电源、输入输出控制点、模拟量输入、运动控制数字量,还带有 PROFINET 接口。集成的 PROFINET 接口用于进行编程以及 HMI 和 PLC-to-PLC 通信。另外,该接口支持使用开放以太网协议的第三方设备,具有自动纠错功能的 RJ45 连接器,并提供 10/100 Mbit/s 的数据传输速率。它支持多达 16 个以太网连接以及以下协议:TCP/IP native、ISO on TCP 和 S7 通信,用户可以方

便地使用这个接口进行通信操作。

（4）扩展能力强

SIMATIC S7-1200PLC 的 CPU 最多可以扩展 8 个信号模块，以便支持其他数字量和模拟量 I/O。这样可以更好地支持控制点数较多的控制系统。同样的，它还可以通过通信模块的扩展实现更多的通信方式，例如 PROFIBUS 通信。

SIMATIC S7-1200 系统有三种不同模块，分别为 CPU1211C、CPU1212C 和 CPU1214C。每一种模块都可以进行扩展，可以完全满足控制专业的系统需要。可在任何 CPU 的前方加入一个信号板，轻松扩展数字或模拟量 I/O，同时不影响控制器的实际大小。可将信号模块连接至 CPU 的右侧，进一步扩展数字量或模拟量 I/O 容量。CPU1212C 可连接 2 个信号模块，CPU1214C 可连接 8 个信号模块。所有 SIMATIC S7-1200PLC 的 CPU 控制器的左侧均可连接多达 3 个通信模块，便于实现端到端的串行通信。

（5）模块性高

可将一个信号板连接至所有的 CPU，让用户通过在控制器上添加数字量或模拟量 I/O 来自定义 CPU，同时不影响其实际大小。SIMATIC S7-1200PLC 提供的模块化概念可让用户设计控制器系统，以完全满足用户应用的需求。

（6）安全性高

SIMATIC S7-1200PLC 具有较高的安全性，体现在对 CPU 的保护以及对程序逻辑的保护上。其 CPU 具有密码保护功能，用户可以使用这项功能设定对 CPU 的连接限制；同时，STMATICS7-1200PLC 还有对程序块中的内容进行保护的功能，以及将用户的程序保存到特定的存储卡中的功能。

（7）内存容量大

为用户程序和用户数据之间的浮动边界提供多达 50 kB 的集成工作内存，同时提供多达 2 MB 的集成加载内存和 2 kB 的集成记忆内存。可选的 SIMATIC 存储卡可轻松转移程序供多个 CPU 使用。该存储卡也可用于存储其他文件或更新控制器系统固件。

2. SIMATIC S7-1200PLC 的功能特点

（1）通信模块

SIMATIC S7-1200 CPU 最多可以添加三个通信模块，支持 PROFIBUS 主从站通信，RS485 和 RS232 通信模块为点对点的串行通信提供连接及 I/O 连接主站。对该通信的组态和编程采用了扩展指令或库功能、USS 驱动协议、Modbus RTU 主站和从站协议，它们都包含在 SIMATIC STEP 7 Basic 工程组态系统中。

（2）简单远程控制应用

新的通信处理器 CP 1242-7 可以通过简单 HUB（集线器）或移动电话网络或 Internet（互联网）同时监视和控制分布式的 S7-1200 单元。

（3）集成的 PROFINET 接口

集成的 PROFINET 接口用于编程、HMI 通信和 PLC 间的通信。此外，它还通过开放的以太网协议支持与第三方设备的通信。该接口带一个具有自动交叉网线(auto-cross-over)功能的 RJ45 连接器,提供 10/100 Mbit/s 的数据传输速率,支持以下协议:TCP/IP native、ISO-on-TCP 和 S7 通信。

最大的连接数为 23 个连接,其中:

① 3 个连接用于 HMI 与 CPU 的通信。

② 1 个连接用于编程设备(PG)与 CPU 的通信。

③ 8 个连接用于 Open IE(TCP、ISO-on-TCP)的编程通信,使用 T-block 指令来实现,可用于 S7-1200 之间的通信、S7-1200 与 S7-300/400 的通信。

④ 3 个连接用于 S7 通信的服务器端连接,可以实现与 S7-200、S7-300/400 的以太网 S7 通信。

⑤ 8 个连接用于 S7 通信的客户端连接,可以实现与 S7-200、S7-300/400 的以太网 S7 通信。

(4) 集成工艺

1) 高速输入

SIMATIC S7-1200 控制器带有多达 6 个高速计数器。其中 3 个输入为 100 kHz,3 个输入为 30 kHz,用于计数和测量。

2) 高速输出

SIMATIC S7-1200 控制器集成了 4 个 100 kHz 的高速脉冲输出,用于步进电机或伺服驱动器的速度和位置控制。(使用 PLCopen 运动控制指令)这 4 个输出都可以输出脉宽调制信号来控制电机速度、阀位置或加热元件的占空比。

SIMATIC S7-1217C 支持 6 路高速计数,其中 4 路最快支持 1 MHz,支持 PWM/PTO 最快 1 MHz 输出。

(5) 存储器

为用户指令和数据提供高达 150 kB 的共用工作内存。同时,还提供了高达 4 MB 的集成装载内存和 10 kB 的掉电保持内存。

SIMATIC 存储卡功能可选,通过不同的设置可实现编程卡、传送卡和固件更新卡 3 种功能。通过它可以方便地将程序传输至多个 CPU,还可以用来存储各种文件或更新控制器系统的固件。

(6) 智能设备

通过简单的组态,S7-1200 控制器通过对 I/O 映射区的读写操作可实现主从架构的分布式 I/O 应用。

CPU 可以连接在不同的网络系统中。速度和位置控制 PLCopen 运动控制指令:PLCopen 是一个国际性的运动控制标准;支持绝对、相对运动和在线改变速度的运动;支持找原点和爬坡控制;用于步进或伺服电机的简单启动和试运行;提供在线检测。

(7) PID 控制

SIMATIC S7-1200 控制器中提供了多达 16 个带自动调节功能的 PID 控制回路,用于简单的闭环过程控制。

(8) 可扩展的灵活设计

信号板可以连接至所有的 CPU,由此可以通过向控制器添加数字量或模拟量输入/输出通道来量身订制 CPU,而不必改变其体积。SIMATIC S7-1200 控制器的模块化设计允许按照实际的应用需求准确地设计控制器系统。多达 8 个信号模块可连接到扩展能力最高的 CPU,以支持更多的数字量和模拟量输入/输出信号连接。

(9) 通 信

SIMATIC S7-1200PLC 提供各种各样的通信选项以满足用户所有的网络要求。通信选项包括:I-Device(智能设备)通信、PROFINET 通信、PROFIBUS 通信、远程控制通信、点对点(PtP)通信、USS 通信、Modbus RTU 通信、AS-i、I/O Link MASTER、PROFINET。

为了使布线最少并提供最大的组网灵活性,可以将紧凑型交换机模块 CSM 1277 和 SIMATIC S7-1200PLC 一起使用,以便轻松组建一个统一或混合的网络(具有线形、树形或星形的拓扑结构)。CSM 1277 是一个 4 端口的非托管交换机,用户可以通过它将 SIMATIC S7-1200PLC 连接到最多 3 个附加设备。除此之外,如果将 SIMATIC S7-1200PLC 和 SIMATIC NET 工业无线局域网组件一起使用,则还可以构建一个全新的组网规模。

1) PROFINET 通信

SIMATIC S7-1200 CPU 可以与以下设备通信:编程设备、人机界面。

采用公开的用户通信和分布式 I/O 指令,SIMATIC S7-1200 CPU 可以和以下设备通信:其他的 CPU、PROFINET I/O 设备(例如 ET 200 和 SINAMICS)、使用标准的 TCP 通信协议的设备。PROFINET 架构如图 3.10 所示。

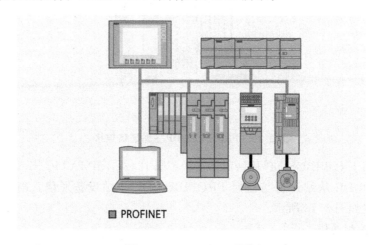

图 3.10 PROFINET 架构

通过 CSM 1277 以太网交换机的多设备的连接如图 3.11 所示。

2) PROFIBUS 通信

通过使用 PROFIBUS-DP 主站和从站通信模块,SIMATIC S7-1200 CPU 支持

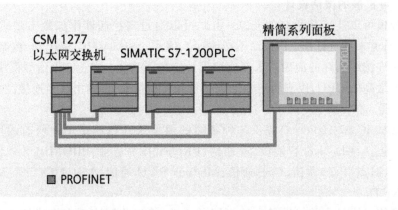

图 3.11　通过 CSM 1277 以太网交换机的多设备的连接

PROFIBUS 通信标准。

PROFIBUS-DP 主站通信模块同时支持下列通信连接：为人机界面与 CPU 通信提供 3 个连接；为编程设备与 CPU 通信提供 1 个连接；为主动通信提供 8 个连接，采用分布式 I/O 指令；为被动通信提供 3 个连接，采用 S7 通信指令。PROFIBUS-D 主站通信连接如图 3.12 所示。

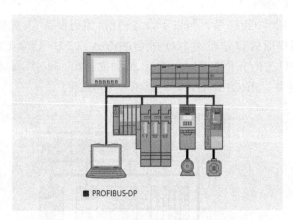

图 3.12　PROFIBUS-DP 主站通信连接

通过使用 PROFIBUS-DP 从站通信模块 CM 1242-5，SIMATIC S7-1200PLC 可以作为一个智能 DP 从站设备与任何 PROFIBUS-DP 主站设备通信。PROFIBUS-DP 从站通信连接如图 3.13 所示。

3）远程控制通信

通过使用 GPRS 通信处理器，SIMATIC S7-1200 CPU 支持通过 GPRS 实现监视和控制的简单远程控制通信，如图 3.14 所示。

4）点对点通信

点对点通信（见图 3.15）提供了各种各样的应用可能性：直接发送信息到外部设备，如打印机；从其他设备接收信息，如条形码阅读器、RFID 读写器和视觉系统；与

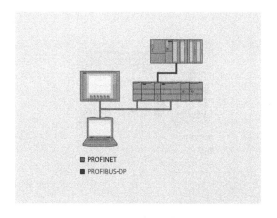

图 3.13　PROFIBUS-DP 从站通信连接

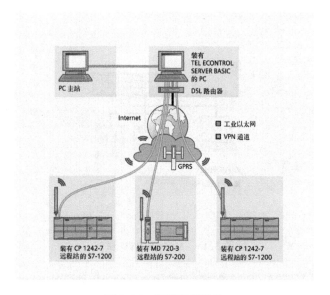

图 3.14　远程控制通信

GPS 装置、无线电调制解调器以及许多其他类型的设备交换信息。

5）Modbus RTU 通信

通过 Modbus 指令，SIMATIC S7-1200PLC 可以作为 Modbus 主站或从站与支持 Modbus RTU 协议的设备进行通信。通过使用 CM 1241 RS485 通信模块或 CB 1241 RS485 通信板，Modbus 指令可以用来与多个设备进行通信。Modbus RTC 通信如图 3.16 所示。

6）USS 通信

通过 USS 指令，SIMATIC S7-1200 CPU 可以控制支持 USS 协议的驱动器。通过 CM 1241 RS485 通信模块或者 CB 1241 RS485 通信板，使用 USS 指令可与多个驱动器进行通信，如图 3.17 所示。

Of

身

身

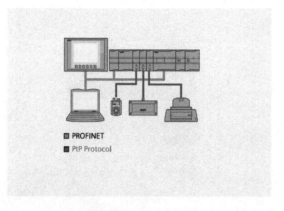

图 3.15　点对点通信

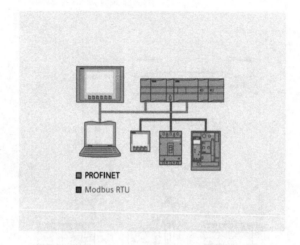

图 3.16　Modbus RTU 通信

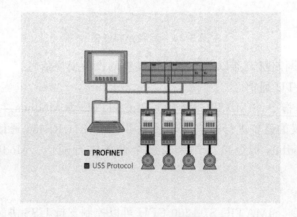

图 3.17　USS 通信

7）I-Device 通信

通过简单组态，SIMATIC S7-1200 控制器通过对 I/O 映射区的读写操作可实现主从架构的分布式 I/O 应用，如图 3.18 所示。

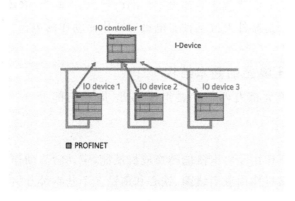

图 3.18　智能设备分布式 I/O

3.4　电气控制技术

3.4.1　低压电器

低压电器通常是指在交流电压 1 200 V 或直流电压 1 500 V 以下工作的电器。常见的低压电器有开关、熔断器、接触器、漏电保护器和继电器等。当进行电气电路安装时，电源和负载（如电动机）之间用低压电器通过导线连接起来，可以实现负载的接通、切断、保护等控制功能。生产机械上大多采用低压电器。

1. 低压电器的分类

(1) 按用途和控制对象不同分类

按用途和控制对象不同，可将低压电器分为低压配电电器和控制电器。

用于电能的输送和分配的电器称为低压配电电器，这类电器包括刀开关、转换开关、空气断路器和熔断器等。

用于各种控制电路和控制系统的电器称为控制电器，这类电器包括接触器、起动器和各种控制继电器等。

(2) 按操作方式不同分类

按操作方式不同，可将低压电器分为自动电器和手动电器。

通过电器本身参数变化或外来信号（如电、磁、光、热等）自动完成接通、分断、起动、反向和停止等动作的电器称为自动电器。常用的自动电器有接触器、继电器等。

通过人力直接操作来完成接通、分断、起动、反向和停止等动作的电器称为手动电器。常用的手动电器有开关、转换开关和主令电器等。

（3）按工作原理不同分类

按工作原理可将低压电器分为电磁式电器和非电量控制电器。

电磁式电器是依据电磁感应原理来工作的电器,如接触器、各类电磁继电器等。

非电量控制电器是靠外力或某种非电量的变化而动作的电器,如行程开关、速度继电器等。

2. 电磁式低压电器的基本结构

电磁式低压电器大都有两个主要组成部分,即感测部分——电磁机构和执行部分——触头系统。

（1）电磁机构

电磁机构的主要作用是将电磁能转换成机械能,带动触头动作,从而实现接通或分断电路的功能。电磁机构由吸引线圈、铁心和衔铁3个基本部分组成。

按吸引线圈所通电流性质的不同,电磁铁可分为直流电磁铁和交流电磁铁。直流电磁铁由于通入的是直流电,其铁心不发热,只有线圈发热,因此线圈与铁心接触以利散热,将线圈做成无骨架高而薄的瘦高型,以改善线圈自身的散热;铁心和衔铁由软钢和工程纯铁制成。交流电磁铁由于通入的是交流电,铁心中存在磁滞损耗和涡流损耗,线圈和铁心都发热,因此交流电磁铁的吸引线圈有骨架,使铁心与线圈隔离并将线圈制成短而厚的矮胖形,以利于铁心和线圈的散热;铁心用硅钢片叠加而成,以减小涡流。

（2）触头系统

触头是电器的执行部分,起接通和分断电路的作用。触头主要有两种结构形式:桥式触头和指形触头,具体如图3.19所示。

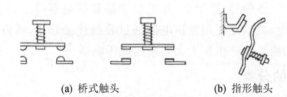

(a) 桥式触头　　　　(b) 指形触头

图3.19　触头结构形式

当在大气中分断电路时,电场的存在使触头表面的大量电子溢出从而产生电弧。电弧一经产生,就会产生大量热能。电弧的存在既烧蚀触头金属表面,降低电器的使用寿命,又延长了电路的分断时间,因此,必须迅速把电弧熄灭。

常用的灭弧方法:电动力灭弧、磁吹灭弧、金属栅片灭弧。

3.4.2　常用电气控制元件

电气控制元件是构成电气控制系统的基础,所有电气控制系统经过拆解后都可以变为独立的电气控制元件,在有的系统中电气控制元件通过控制器驱动,有的系统直接由继电器和接触器构成,即继电器-接触器控制系统。继电器-接触器控制是一门重要的控制技术,尤其在工业电气自动化、电力拖动等控制领域中应用得十分广泛。

在自动化生产线、各种功能的机械手和机床等设备的自动控制过程中大多以电动机作为动力。其中把以各种有触点的继电器、接触器和行程开关等电气控制元件组成的控制电路称为继电接触器控制电路。下面分别对一些常见的电气控制元件进行说明。

1. 接触器

接触器(见图 3.20)主要用于频繁接通或分断交、直流主电路和大容量的控制电路,可远距离操作,配合继电器可以实现定时操作、联锁控制、各种定量控制和失电压及欠电压保护。

接触器主要由电磁机构(包括电磁线圈、铁心和衔铁)、触点系统(主触点和辅助触点)、灭弧装置及其他部分组成。当接触器线圈得电时,在铁心中产生磁通及电磁吸力。此电磁吸力克服弹簧反力使得衔铁吸合,带动触点机构动作,动断触点打开,动合触点闭合,互锁或接通电路。当线圈失电或线圈两端电压显著降低时,电磁吸力小于弹簧反力,使得衔铁释放,触点机构复位,断开电路或解除互锁。

接触器是一种用于自动接通或断开大电流电路的电器,可以频繁地接通或分断交直流电路,并可实现远距离控制。主触点用于通断主电路,辅助触点用于控制电路中。其主要控制对象是电动机,也可用于电热设备、电容器组等其他负载。它还具有低电压释放保护功能,具有控制容量大、过

图 3.20 接触器

载能力强、寿命长、设备简单经济等特点,是电力拖动自动控制电路中使用最广泛的电气元件。按照所控制电路的种类,接触器可分为交流接触器和直流接触器两大类。

接触器的主要技术参数有极数和电流种类、额定工作电压、额定工作电流(或额定控制功率)、线圈额定电压、线圈的起动功率和吸持功率、额定通断能力、允许操作频率、机械寿命和电寿命、使用类别等。

当选择接触器时主要从接触器的类型、额定工作电压、额定工作电流、线圈工作电压和辅助触头容量等方面进行匹配:

① 接触器的类型:根据电路中负载电流的种类进行选择。交流负载应选用交流接触器,直流负载应选择直流接触器。

② 额定工作电压:接触器的额定工作电压应等于或大于负载的额定电压。

③ 额定工作电流:被选用的接触器的额定工作电流应不小于负载电路的额定电流。

④ 线圈工作电压和辅助触头容量：如果控制电路比较简单，所用接触器的数量较少，则交流接触器的线圈工作电压一般直接选用 380 V 或 220 V。如果控制电路比较复杂，使用的电器又比较多，为了安全起见，则线圈额定电压可选低一些。

在航天发射场场区设备中基本都使用交流接触器，反映交流接触器性能的参数有额定电压、额定电流、通断能力、动作值、吸引线圈额定电压、操作频率和动作寿命。交流接触器在设备中的控制主要通过其辅助触点通断切换实现预定工序。

2. 继电器

继电器是根据某种输入信号（如电流、电压、时间和速度等物理量）的变化来接通或分断小电流电路和电器，实现自动控制和保护电力装置的自动电器。

继电器与接触器的区别：继电器一般用于控制回路中，控制小电流电路，因为触点额定电流一般不大于 5 A，所以不加灭弧装置。接触器一般用于主回路中，控制大电流电路，主触点额定电流一般不小于 5 A，需加灭弧装置。接触器一般只能对电压的变化作出反应，而各种继电器可以在相应的各种电量或非电量作用下动作。

接通或断开控制电路的继电器种类很多。根据用途分为控制继电器、保护继电器。根据原理分为电磁继电器、感应式继电器、热继电器、机械式继电器、电动式继电器和电子式继电器等。根据参数分为电流继电器、电压继电器、时间继电器、速度继电器、压力继电器等。根据动作时间分为瞬时继电器、延时继电器。根据输出形式分为有触点继电器、无触点继电器。

继电器一般由感测机构、中间机构和执行机构三个基本部分组成。

(1) 电磁继电器

电磁继电器（见图 3.21）是以电磁力为驱动力的继电器，是自动控制电路中用得最多的一种继电器，主要可分为电流继电器、电压继电器、中间继电器。低压控制系统中的控制继电器大部分为电磁式结构。电磁继电器由电磁机构和触点系统两个主要部分组成。电磁机构由线圈、铁心、衔铁组成。触点系统由于其触点都接在控制电路中，且电流小，因此不装设灭弧装置。

图 3.21 电磁继电器

1）电流继电器

电流继电器主要用于过载及短路保护。它反映的是电流信号，常用的电流继电器有欠电流继电器和过电流继电器两种。

欠电流继电器用于欠电流保护，当电路正常工作时，欠电流继电器的衔铁是吸合的，其动合触点闭合、动断触点断开。只有当电流降低到某一整定值时，衔铁释放，控制电路断电，从而控制接触器及时分断电路。

当电路正常工作时，过电流继电器不动作，

整定范围通常为额定电流的 1.1~3.5 倍。当被保护电路的电流高于额定值,并达到过电流继电器的整定值时,衔铁吸合,触点机构动作,控制电路断电,从而控制接触器及时分断电路,对电路起过电流保护作用。

2)电压继电器

电压继电器(见图 3.22)反映的是电压信号。因为它的线圈并联在被测电路的两端,所以匝数多、导线细、阻抗大。电压继电器用于电力拖动系统的电压保护和控制。其线圈并联接入主电路,感测主电路的电压;触点接于控制电路,为执行元件。按吸合电压的大小,电压继电器可分为过电压继电器和欠电压继电器。

过电压继电器用于电路的过电压保护。当被保护的电路电压正常时衔铁不动作;当被保护电路的电压高于额定值,且达到过电压继电器的整定值时,衔铁吸合,触点机构动作,控制电路断电,控制接触器及时分断被保护电路。

欠电压继电器用于电路的欠电压保护,其释放整定值为电路额定电压的 0.1~0.6。当被保护电路电压正常时衔铁可靠吸合;当被保护电路电压降至欠电压继电器的释放整定值时衔铁释放,触点机构复位,控制接触器及时分断被保护电路。

3)中间继电器

中间继电器(见图 3.23)实质上是一种电压继电器。它的特点是触点数目较多,电流容量可增大,起到中间放大(触点数目和电流容量)的作用。

图 3.22　电压继电器

图 3.23　中间继电器

电磁继电器的参数主要有灵敏度、额定电压和额定电流、吸合电压或吸合电流、释放电压或释放电流、返回系数、吸合时间和释放时间、整定值。

当选择电磁继电器时应首先了解必要的条件:控制电路的电源电压、能提供的最大电流,被控电路中的电压和电流,被控电路需要几组、什么形式的触点。当选用电磁继电器时,一般控制电路的电源电压可作为选用的依据。在确定使用条件后,可查找相关资料,确定需要的电磁继电器的型号和规格。要注意控制柜的容积,若用于一般用途,则除考虑控制柜容积外,小型电磁继电器主要考虑安装布局。另外,还要注意交流与直流之分。

(2) 时间继电器

在自动控制系统中,有时需要继电器在得到信号后不立即动作,而是要顺延一段时间后再动作并输出控制信号,以达到按时间顺序进行控制的目的。时间继电器(见图3.24)就能实现这种功能。时间继电器是一种利用电磁原理或机械动作原理实现触点延时接通或断开的自动控制电器,通过时间继电器可以实现一些复杂工序的过程控制。时间继电器按工作原理分可分为电磁式、空气阻尼式(气囊式)、晶体管式、单片机控制式等。延时方式有通电延时和断电延时两种。

(3) 非电磁类继电器

非电磁类继电器的感测元件接收非电量信号(如温度、转速、位移及机械力等)。常用的非电磁类继电器有热继电器、速度继电器、干簧继电器、永磁感应继电器等。热继电器主要用于电力拖动系统中电动机负载的过载保护。速度继电器又称反接制动继电器,主要用于笼型异步电动机的反接制动控制。干簧继电器是一种具有密封触点的电磁式断电器,可以反映电压、电流、功率以及电流极性等信号,航天发射场部分电动大门的控制使用的就是干簧继电器。

1) 热继电器

热继电器(见图3.25)是一种具有反时限过载保护特性的过电流继电器,广泛用于电动机的过载保护,也可以用于其他电气设备的过载保护。

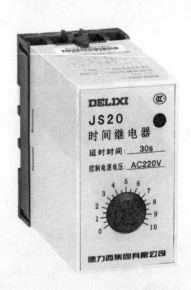

图 3.24 时间继电器

图 3.25 热继电器

热继电器主要由感温元件(或称热元件)、触点系统、动作机构、复位按钮、电流调节装置、温度补偿元件等组成。感温元件由双金属片及绕在双金属片外面的电阻丝组成。双金属片是由两种膨胀系数不同的金属以机械碾压的方式而成为一体的。热继电器的形式有多种,其中以双金属片式应用最多。

当选择热继电器时应注意按实际安装情况选择热继电器的安装方式,原则上热继电器的额定电流应按电动机的额定电流选择。热继电器适用于不频繁起动的系统,要保证热继电器在电动机起动过程中不产生误动作。对于三角形接法的电动机,应选用带断相保护装置的热继电器。当电动机工作于重复短时工作制时,要注意确定热继电器的允许操作频率。

2) 速度继电器

速度继电器是利用速度信号来切换电路的自动电器,常用于电动机反接制动的控制电路中,当反接制动的转速下降到接近零时,其触点动作切断电路。它由转子、定子和触点三部分组成。速度继电器的选择主要根据电动机的额定转速、控制要求等来进行。

速度继电器是利用转轴的转速来切换电路的自动电器,主要用作鼠笼式异步电动机的反接制动控制中,故也被称为反接制动继电器。

(4) 固态继电器

固态继电器(见图 3.26)是采用固体半导体元件组装而成的一种无触点开关。按切换负载性质分为直流固态继电器和交流固态继电器,按输入与输出之间的隔离分为光电隔离固态继电器和磁隔离固态继电器,按控制触发信号方式分为过零型和非过零型、有源触发型和无源触发型。

固态继电器由三部分组成:输入电路、隔离(耦合)和输出电路。

按输入电压的不同类别,输入电路可分为直流输入电路、交流输入电路和交直流输入电路三种。有些输入控制电路还具有与 TTL/CMOS 兼容、正负逻辑控制和反相等功能。

固态继电器的输入与输出电路的隔离和耦合方式有光电耦合和变压器耦合。

图 3.26 固态继电器

固态继电器的输出电路也可分为直流输出电路、交流输出电路和交直流输出电路等形式。当交流输出时,通常使用两个可控硅或一个双向可控硅;当直流输出时可使用双极性器件或功率场效应管。

固态继电器按触发形式可分为零压型(Z)和调相型(P)两种。当在输入端施加合适的控制信号 VIN 时,P 型固态继电器立即导通。当 VIN 撤销后,负载电流低,当双向可控硅维持电流时(交流换向),固态继电器关断。

固态继电器使用注意事项:

① 固态继电器的选择应根据负载的类型来确定,并要采取有效的过电压保护。

② 输出端采用 RC 浪涌吸收回路或非线性压敏电阻吸收瞬变电压。

③ 过电流保护应采用专门保护半导体器件的熔断器。

④ 当安装时采用相应的散热方式。

⑤ 切忌负载侧两端短路,以免固态继电器损坏。

3. 刀开关

刀开关(见图 3.27)又名闸刀,是一种手动电器,在低压电路中用于不频繁地接通和分断电路,或用于隔离电源,又称隔离开关。它一般用于不需经常切断与闭合的交、直流低压(不大于 500 V)电路,在额定电压下其工作电流不能超过额定值。在机床上,刀开关主要用作电源开关,它一般不用来接通或切断电动机的工作电流。目前生产的产品型号有 HD(单投)和 HS(双投)等系列,适用于交流 50 Hz、额定电压至 380 V、交流电压至 380 V、直流电压至 440 V、额定电流至 1 500 A 的成套配电装置,用于不频繁地手动接通和分断交、直流电路或作隔离开关用。

由于刀开关在切断电源时会产生电弧,因此当安装刀开关时手柄必须朝上,不得倒装或平装。当接线时应将电源线接在上端,负载接在下端,这样拉闸后刀片与电源隔离,可防止意外发生。

刀开关应用场所主要有:

① 中央手柄式的单投和双投刀开关主要用于变电站,不切断带有电流的电路,作隔离开关用。

② 侧面操作手柄式刀开关主要用于动力箱中。

图 3.27 刀开关

③ 中央正面杠杆操作机构刀开关主要用于正面操作、后面维修的开关柜中,操作机构装在正前方。

④ 侧方正面操作机械式刀开关主要用于正面两侧操作、前面维修的开关柜中,操作机构可以在柜的两侧安装。

⑤ 装有灭弧室的刀开关可以切断电流负荷,其他系列刀开关只作隔离开关使用,不能乱用。

刀开关在电路中的主要作用:

① 隔离电源,以确保电路和设备维修的安全;或用于不频繁地接通和分断额定电流以下的负载。

② 分断负载,如不频繁地接通和分断容量不大的低压电路或直接启动小容量电机。

③ 当刀开关处于断开位置时,可明显观察到,能确保电路检修人员的安全。

常用的刀开关有 HD 型单掷刀开关、HS 型双掷刀开关(刀形转换开关)、HR 型熔断器式刀开关、HZ 型组合开关、HK 型刀开关、HY 型倒顺开关和 HH 型铁壳开关等。

刀开关主要技术参数：

① 额定绝缘电压,即最大额定工作电压。

② 额定工作电流。

③ 额定工作制:分 8 h 工作制、不间断工作制两种。

④ 使用类别:根据操作负载的性质和操作的频繁程度分类,按操作的频繁程度分为 A 类和 B 类,A 类为正常使用的,B 类则为操作次数不多的,如只用作隔离开关的;按操作负载的性质分为很多类,如操作空载电路、通断电阻性电路、操作电动机负载等。

⑤ 额定通断能力:有通断能力(额定电压下)的开关电器额定通断最大允许电流。

⑥ 额定短时耐受电流。

⑦ 有短路接通能力电器的短路接通能力。

⑧ 额定(限制)短路电流。

⑨ 操作性能:根据不同使用类别,在额定工作电流条件下的操作循环次数。

⑩ 热稳定电流:当短路时,在一定时间内(1 s)通过的某一最大短路电流。

刀开关通常由绝缘底板、动触刀、静触座、灭弧装置、安全挡板和操作机构组成。

刀开关有不同的分类方式。根据工作原理、使用条件和结构形式的不同,刀开关可分为刀开关、刀形转换开关、开启式负荷开关(胶盖瓷底刀开关)、封闭式负荷开关(铁壳开关)、熔断器式刀开关和组合开关等。其中以熔断体作为动触头的,称为熔断器式刀开关,简称刀熔开关;采用刀开关结构形式的称为刀形转换开关;采用叠装式触头元件组合成旋转操作的,称为组合开关。根据刀的极数和操作方式,刀开关可分为单极、双极和三极刀开关。常用的三极刀开关的额定电流有 100 A、200 A、400 A、600 A、1 000 A 等。通常,除特殊的大电流刀开关用电动机操作外,一般都采用手动操作方式。

在刀开关使用中需注意:只作为电源隔离用的刀开关不需要灭弧装置。用于电解、电镀等设备中的大电流刀开关的额定电流可高达数万安。这类刀开关一般采用多回路导体并联的结构,并可用水冷却的方式散热来提高刀开关导体所能承载的电流密度。

在电路中要求刀开关能承受短路电流产生的电动力和热的作用。因此,当设计刀开关的结构时,要确保在很大的短路电流作用下,触刀不会弹开、焊牢或烧毁。对要求分断负载电流的刀开关,则装有快速刀刃或灭弧室等灭弧装置。

4. 熔断器

熔断器(见图 3.28)是一种结构简单、使用方便、价格低廉、控制有效的短路保护电器。熔断器主要由熔体(俗称熔丝)和安装熔体的熔管(或熔座)组成。

熔断器主要技术参数:

① 额定电压:保证熔断器能够长期正常工作的电压。

② 额定电流:当熔断器长期工作时允许通过的最大电流。熔断器一般是起保护作用的,当负载正常工作时,电流是基本不变的,熔断器的熔体要根据负载的额定电流进行选择,只有选择合适的熔体,才能起到保护电路的作用。

③ 极限分断能力:熔断器在规定的额定电压下能够分断的最大电流值。它取决于熔断器的灭弧能力,与熔体的额定电流无关。

图 3.28　熔断器

5. 低压断路器

低压断路器(见图 3.29)又称自动空气断路器或自动空气开关,是既有手动开关作用,又能自动进行失电压、欠电压、过载和短路保护的电器,用于电源电路、照明电路、电动机主电路的分合及保护等,可用来接通和分断负载电路、分配电能,也可用来控制不频繁起动的电动机。当它们发生严重的过载或短路及欠电压等故障时,低压断路器能自动切断电路。它的功能相当于刀开关、过电流继电器、失电压继电器、热继电器及漏电保护器等电器部分或全部的功能总和,是低压配电网中一种重要的保护电器。在场区几乎所有设备都配有低压断路器。低压断路器结构原理如图 3.30 所示。

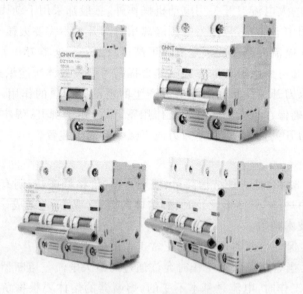

图 3.29　低压断路器

低压断路器主要由触头、灭弧装置、操动机构和保护装置等组成。其保护装置由各种脱扣器来实现。

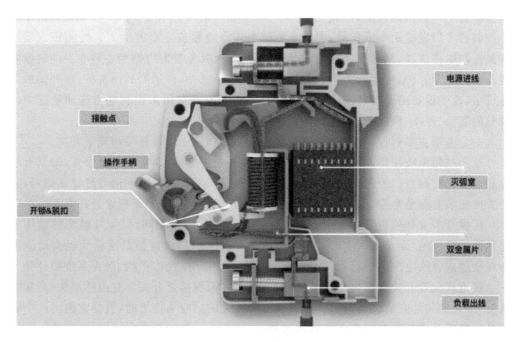

电源进线

接触点

操作手柄

灭弧室

开锁&脱扣

双金属片

负载出线

图 3.30　低压断路器结构原理

低压断路器的分类方式很多:按结构形式分为万能式(又称框架式)和塑壳式断路器;按灭弧介质分为空气式和真空式断路器;按操作方式分为手动操作、电动操作和弹簧储能机械操作断路器;按极数分为单极式、二极式、三极式和四极式断路器;按安装方式分为固定式、插入式、抽屉式和嵌入式断路器等。低压断路器容量范围很大,最小为4 A,而最大可达 5 000 A。

6. 主令控制器

主令控制器(见图 3.31)是一种专门发布命令、直接或通过电磁式电器间接作用于控制电路的电器,主要用于闭合、断开控制电路,以发布命令或用作程序控制,实现对电

图 3.31　常见主令电器

力传动和生产机械的控制,因此,它是人机联系和对话所必不可少的一种元件。由于主令控制器专门发送命令或信号,因此也被称为主令电器或主令开关。它按照预定程序转换控制电路接线,用作控制接触器、继电器线圈及其他控制电路的各种非自动转换装置及磁力主令元件,由运行人员直接操纵,发出命令脉冲,作用到其他机构,以开动或停止机组,改变设备的运行状态(跳闸或合闸)。主令电器常用来控制电力拖动系统中电动机的起动、停车、调速及制动等。

主令电器主要有控制按钮、行程开关、接近开关、万能转换开关和光电开关。

控制按钮由按钮帽、复位弹簧、桥式触头和外壳等组成,通常做成复合式,即具有动合触点和动断触点。控制按钮的种类很多,指示灯式按钮内可装入信号灯显示信号;紧急式按钮装有蘑菇形帽,以便于紧急操作;旋钮式按钮用于扭动旋钮来进行操作。

行程开关又称位置开关或限位开关。它的作用与按钮相同,只是其触头的动作不是靠手动操作的,而是利用生产机械某些运动部件上的挡铁碰撞其滚轮使触头动作来实现接通或分断电路的。行程开关的结构分为3个部分:操作机构、触头系统和外壳。

接近式位置开关是一种非接触式的位置开关,简称接近开关。它由感应头、高频振荡器、放大器和外壳组成。当运动部件与接近开关的感应头接近时,就使它输出一个电信号。接近开关包括电感式和电容式两种。

万能转换开关是一种多档式、控制多回路的主令电器,一般可用于多种配电装置的远距离控制,也可作为电压表、电流表的换相开关,还可用于小容量电动机的起动、制动、调速及正反向转换的控制。其触头档数多、换接线路多、用途广泛,故有"万能"之称。

光电开关(光电传感器)又称无接触检测和控制开关,是光电接近开关的简称。它是利用被检测物对光束的遮挡或反射,由同步回路选通电路,从而检测物体有无的。物体不限于金属,所有能反射光线的物体均可被检测。光电开关将输入电流在发射器上转换为光信号射出,接收器根据接收到的光线强弱或有无对目标物体进行探测。多数光电开关选的是波长接近可见光的红外线光波型。

7. 执行器与电磁阀

(1) 执行器

执行器在自动控制系统中的作用相当于人的四肢,它接收调节器的控制信号,改变操纵变量,使过程按预定要求正常执行。执行器由执行机构和调节机构组成。执行机构是指根据调节器控制信号产生推力或位移的装置,而调节机构是根据执行机构输出信号去改变能量或物料输送量的装置,最常见的是调节阀。在生产现场,执行器直接控制工艺介质,若选型或使用不当,则往往会给生产过程的自动控制带来困难。因此,执行器的选择、使用和安装调试是个重要的问题。

执行器按其能源形式分为液动、气动和电动执行器3大类,它们各有特点,适于不同的场合。近几年来随着科学技术的不断发展,各类执行机构正逐步走向智能化,而专门和气动执行器配套使用的智能阀门定位器和全电子电动执行器的出现更加速了执行机构智能化的发展,为执行器的应用开辟了新天地。

1）液动执行器

液动执行器推力最大，一般都是机电一体化的，由于它比较笨重，所以现在使用的不多，但由于其推力大，因此在一些大型场所它无法被取代，如三峡的船闸采用的就是液动执行器。

2）气动执行器

气动执行器（见图3.32）的执行机构和调节机构是统一的整体，其执行机构有薄膜式和活塞式两类。活塞式行程长，适用于要求有较大推力的场合，不但可以直接带动阀杆，而且可以和蜗轮蜗杆等配合使用；而薄膜式行程较小，只能直接带动阀杆。气动执行器分为正作用和反作用两种形式，所谓正作用形式就是信号压力增大，推杆向下；反作用形式就是信号压力增大，推杆向上。这种执行机构的输出位移与输入气压信号成正比例关系，信号压力越大，推杆的位移量也越大。当压力与弹簧的反作用力平衡时，推杆稳定在某一位置。气动执行器又有角行程气动执行器和直行程气动执行器两种。随着气动执行器智能化的不断发

图 3.32　气动执行器

展，智能阀门定位器成为其不可缺少的配套产品。智能阀门定位器内装高集成度的微控制器，采用电平衡（数字平衡）原理代替传统的力平衡原理，将电控命令转换成气动定位增量来实现阀位控制；利用数字式开、停、关的信号来驱动气动执行机构的动作；阀位反馈信号直接通过高精确度的位置传感器，实现电/气转换功能。智能阀门定位器具有提高输出力和动作速度、调节精确度（最小行程分辨率可达±0.05％）、克服阀杆摩擦力、实现正确定位等特点。正是因为这些配套产品不断智能化，才使得气动执行器更加智能化。

由于气动执行机构有结构简单、输出推力大、动作平稳可靠、安全防爆等优点，因此它在化工、炼油等对安全要求较高的生产过程中得到广泛的应用。气动执行机构动作示意图如图3.33所示。

3）电动执行器

电动执行器（见图3.34）的执行机构和调节机构是分开的两部分，其执行机构分角行程和直行程两种。电动执行器接收来自调节器的直流信号，并将它转换成相应的角位移或直行程位移去操纵阀门、挡板等调节机构，以实现自动调节。

电动执行机构安全防爆性能差，电机动作不够迅速，且当行程受阻或阀杆被扎住时电机容易受损。尽管近年来电动执行机构在不断改进并有扩大应用的趋势，但从总体上看不及气动执行机构应用的普遍。

随着自动化、电子和计算机技术的发展，现在越来越多的电动执行机构已经向智能化发展。智能电动执行机构是一类新型终端控制仪表，根据控制电信号直接操作改变调节阀阀杆的位移。由于人们对控制系统的精确度和动态特性提出了越来越高的要

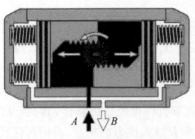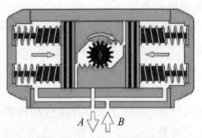

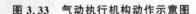

压缩空气由A口输入,使左右活塞向两边运动并挤压弹簧,输出轴延逆时针方向转动,打开阀门,两活塞外侧的空气由B口排出

当没气或没电时,由于弹簧的势能作用使两活塞向中间运动,输出轴延顺时针方向转动,关闭阀门,两活塞内侧的空气由A口排出。B口可用来加速关闭

图 3.33 气动执行机构动作示意图

图 3.34 电动执行器

求,电动执行机构能够获得最快响应时间,实现控制也更为合理、方便、经济,因而受到用户的欢迎。同时,它还可免去选用气动执行机构必需配置良好的气源设备和安装气路管线的麻烦。

(2) 电磁阀

电磁阀是用来控制流体的自动化基础元件,属于执行器,但不具备过程调节功能,在使用上可用于液压和气动管路沟通。电磁阀里有密闭的腔,在不同的位置开有通孔,每个孔都通向不同的油管,腔中间是阀,两面是两块电磁铁,哪面的磁铁线圈通电,阀体就会被吸引到哪边,通过控制阀体的移动来挡住或漏出不同的排油的孔,而进油孔是常开的,液压油就会进入不同的排油管,然后通过油的压力来推动油缸的活塞,活塞又带动活塞杆,活塞杆带动机械装置运动。这样通过控制电磁铁的电流就控制了机械运动。直接控制式电磁阀结构示意图如图 3.35 所示。

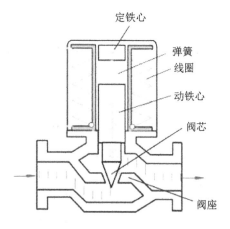

图 3.35 直接控制式电磁阀结构示意图

3.5 变频传动技术

交流传动是指通过外部控制电路指令实现交流驱动装置动作,目前在航天发射场场区设备中的应用主要以交流变频器为主。变频调速系统因效率高、性能好且技术成熟而在航天发射场场区设备中得到广泛应用,在应用模式上,通过与控制器、智能仪表和计算机相结合,在一定程度上提高了设备的控制精度和信息化水平。

3.5.1 变频器组成及原理

变频器的功能是利用电力半导体器件的通断作用把频率固定不变的交流电变成频率可调的交流电。当前使用的变频器主要采用交—直—交方式(VVVF 变频或矢量控制变频),先将工频交流电源通过整流单元转换成直流电源,再将直流电源转换成频率、电压均可控制的交流电源供给电动机。变频器主要由整流、滤波、逆变、制动、驱动和检测微处理单元组成,其基本组成如图 3.36 所示。

图 3.36 中整流电路由 VD1~VD6 整流二极管组成全波整流桥;吸收电容器 C1 对整流电路输出的脉动直流电压进行滤波;充电电阻的作用是防止变频器开机上电瞬间电容器对地短路,损坏整流桥和电解电容器,一般而言变频器的功率越大,充电电阻越小;电解电容器也称为储能电容,在充电电路中的主要作用为储能和滤波;均压电阻的作用主要是防止电解电容器电压不均而被烧坏,因为两个电解电容器不可能完全一致,导致每个电容器上所承受的电压就可能不同,承受电压高的发热严重(电容器里面有等效串联电阻)或超过耐压值而损坏;吸收电容器 C2 的作用主要是吸收逆变器 IGBT 的过电流与过电压能量;VT1~VT6 逆变管(IGBT 绝缘栅双极型功率管)是构成逆变电路的主要器件,也是变频器的核心元件,其中二极管的作用是为再生能量返回变频器直流母线提供通道,同时为逆变管在交替导通和截止的换相过程中进行换向,整个逆变单

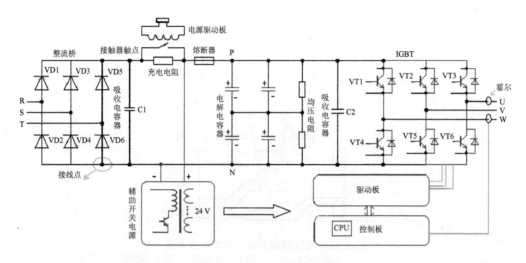

图 3.36　变频器的基本组成

元将直流电逆变为频率、幅值都可调的交流电；驱动板和控制板的功能分别是将 CPU 生成的 PWM 脉冲经驱动电路产生符合要求的驱动信号激励 IGBT 输出电压，以及对各种控制信号进行处理。

3.5.2　变频器参数设置

随着电力电子技术和自动化技术的不断进步和发展，变频器无论是在温升、体积、噪声还是在功能、输出特性等方面都有了很大的进步，随之变频器的各项参数也越来越多，参数值的设置也越来越复杂。因为很多参数都是相互关联、相互影响的，所以必须要完全了解各参数项的功能特性并进行综合考虑、计算，才能完成正确的设置。下面就变频器应用中 5 项重要参数的设置进行说明。

1. 加减速时间

加速时间是指输出频率从 0 上升到最大频率所需时间，减速时间是指输出频率从最大频率下降到 0 所需时间。通常用频率设定信号上升、下降来确定加减速时间。当电动机加速时须限制频率设定的上升率以防止过电流，当电动机减速时则限制频率设定的下降率以防止过电压。

当进行加速时间设定时要将加速电流限制在变频器过电流容量以下，不使过电流失速而引起变频器跳闸；当进行减速时间设定时要防止平滑电路电压过大，不使再生过电压失速而导致变频器跳闸。加减速时间可根据负载计算出来，但在调试中可按负载和经验先设定较长加减速时间，通过起、停电动机观察有无过电流、过电压报警，然后将加减速设定时间逐渐缩短，以运转中不发生报警为原则，重复试验几次，便可确定出最佳加减速时间。

2. 转矩提升

转矩提升又称转矩补偿，是为补偿因电动机定子绕组电阻所引起的低速时转矩降低,而把低频率范围 f/U 增大的方法。当设定为自动时,可使加速时的电压自动提升以补偿起动转矩,使电动机加速顺利进行。当采用手动补偿时,根据负载特性,尤其是负载的起动特性,通过试验可选出较佳曲线。对于变转矩负载,若选择不当则会出现低速时的输出电压过高而浪费电能的现象,甚至还会出现电动机带负载起动时电流大而转速过低的现象。

3. 电子热过载保护

本功能为实现电动机过热保护而设置,是指变频器内 CPU 根据运转电流和频率计算出电动机温升,从而实现过热保护。本功能只适用于"一拖一"场合,而当"一拖多"时,则应在各台电动机上加装热继电器,如桥式起重机的两台电动机就需要单独安装热继电器以实现电动机过热保护。

4. 加减速模式

一般变频器有线性、非线性和 S 三种曲线,通常选择线性曲线;非线性曲线适用于变转矩负载,如风机等;S 曲线适用于恒转矩负载,其加减速变化较为缓慢。当设定时可根据负载转矩特性选择相应曲线,但也有例外,当作者调试一台锅炉引风机的变频器时,先将加减速曲线选择为非线性曲线,一起动运转变频器就跳闸,在调整改变许多参数后无效果,在改为 S 曲线后就正常了。究其原因是:在起动前引风机由于烟道烟气流动而自行转动,且反转而成为负向负载,因此选取 S 曲线使刚起动时的频率上升速度较慢,从而避免了变频器跳闸的发生,当然这是针对没有起动直流制动功能的变频器所采用的方法。

5. 变频器的频率给定方式

当使用一台变频器的时候,目的是通过改变变频器的输出频率,即改变变频器驱动电动机的供电频率,从而改变电动机的转速。频率给定信号就是指调节变频器输出频率的信号类型,主要包括操作器键盘给定、接点信号给定、模拟信号给定、脉冲信号给定和通信方式给定。这些频率给定方式各有优缺点,必须按照实际的需要进行选择设置,同时也可以根据功能需要选择不同频率给定方式之间的叠加和切换,如某控制系统就具有通信方式给定和接点信号给定两种模式,通过切换实现信号给定备份。有关频率给定方式的实际应用,在后文会进行详细说明。

3.5.3　变频器制动方式

在基于变频器的传动系统中,当负载处于减速期间或者长期被倒拖时,对应机构的电机将处于发电状态,产生的能量称作再生能量。由于二极管整流器能量传输不可逆,因此产生的再生电能传输到直流侧滤波电容器上,产生泵升电压;而以 GTR、IGBT 为代表的全控型器件耐压较低,过高的泵升电压有可能损坏开关器件、电解电容器,甚至会破坏电机的绝缘,从而影响变频器的安全使用。

变频器调速系统有两种运行状态,即电动和发电。当起重机变频器调速时电机工作的两种状态如图 3.37 所示,在变频调速系统中,电机降速和停机是通过逐渐减小频率来实现的,在频率减小的瞬间,电机的同步转速随之下降,而由于机械惯性,电机的转子转速未变。当同步转速 w_1 小于转子转速 w 时,转子电流的相位几乎改变了 $180°$,电机从电动状态变为发电状态;与此同时,电机轴上的转矩变成了制动转矩 T_e,使电机的转速迅速下降,电机处于再生制动状态。电机再生的电能 P 经续流二极管全波整流后反馈到直流电路。

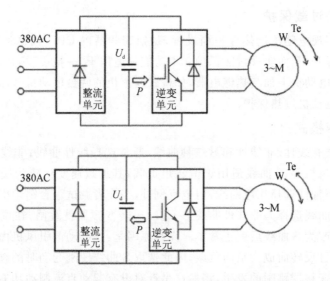

图 3.37 当起重机变频器调速时电机工作的两种状态

对于航天发射场变频传动系统,目前常用的制动方式有能耗制动和回馈制动,下面就两种制动方式分别进行说明。

1. 能耗制动

能耗制动采用的方法是在变频器直流侧加放电电阻单元组件,将再生电能消耗在功率电阻上来实现制动,如图 3.38 所示。这是一种处理再生能量的最直接的办法,是

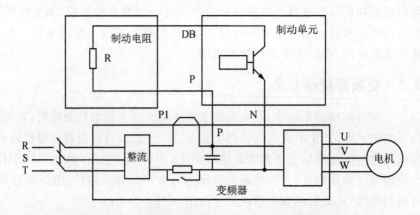

图 3.38 能耗制动中制动单元、制动电阻的连接方式

将再生能量通过专门的能耗制动电路消耗在电阻上,转化为热能,因此又被称为电阻制动,它包括制动单元和制动电阻两部分。

制动电阻是用于将电机的再生能量以热能方式消耗的载体,包括电阻值和功率容量两个重要的参数。通常在工程上选用较多的是波纹电阻和铝合金电阻:前者采用表面立式波纹,有利于散热,降低寄生电感量,并选用高阻燃无机涂层,有效防止电阻丝老化,延长使用寿命;后者耐气候性、耐震动性优于传统瓷骨架电阻。能耗制动方式主要应用于一些非防爆厂房起重机控制系统中。

2. 回馈制动

回馈制动主要用于频繁启动、制动及不适于采用能耗制动的四象限运行的电机,通过能量回馈单元将再生电能逆变为与电网同频率同相位的交流电回送电网,从而实现制动。制动过程中不产生热能,而且具有很快的动态响应速度。共用直流母线的回馈制方式如图 3.39 所示。

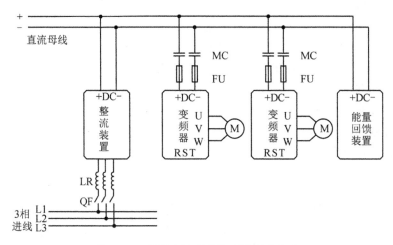

图 3.39 共用直流母线的回馈制动方式

在图 3.39 中,当电机处于电动状态时,电动功率从三相电源经变频器的整流桥流出;当电机处于发电状态时,发电功率则从变频器的中间回路经能量回馈单元流向三相电源或经直流母线传至其他用电单元。因此,回馈制动还具有节电功效。回馈制动方式主要用于防爆厂房起重机系统中。

目前国内使用率较高的变频器品牌主要包括西门子、三菱、伟肯、STEP、ABB 和安川等。其中,西门子变频器以 MM400 系列变频器为主,多应用于空调系统送风机和流体系统泵转速控制;三菱变频器以 F700 系列产品为主,基本都用于空调送风机转速控制;伟肯变频器以 NX 系列为主,均应用于起重机控制系统中;STEP 变频器主要用于部分电梯控制系统中。

3.6 气动液压技术

气动液压装置是以具有压力的液体、气体为工作介质来实现能量传递与运动变换的机构。通过气动液压装置可实现对不同目的的机械装置的驱动,如场区使用的气动阀、电动气活门、回转油缸等。

3.6.1 气动系统

气动系统由产生、处理和贮存压缩空气的设备组成,气源系统为气动装置提供满足一定要求的压缩空气。气源系统一般由空气压缩机、后冷却器以及储气罐组成,气源处理部分包括过滤器、干燥器等。空气压缩机是气压发生装置,是将机械能转换为气体压力能的转换装置。

气动控制元件是用于控制和调节压缩空气的压力、流量、流动方向和发送信号的重要元件,包括方向控制阀、压力控制阀和流量控制阀。气动基本回路包括方向控制回路、压力控制回路和速度(流量)控制回路。在航天发射场场区设备中应用较为广泛的是方向控制回路。

换向型控制阀按驱动方式可分为气压控制阀、电磁控制阀、机械控制阀、手动控制阀和时间控制阀,在场区设备中使用较多的是电磁控制阀。电磁控制阀的工作原理如图 3.40 所示,通过电磁得电失电实现气路通断控制。

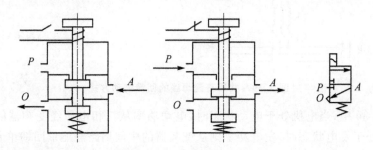

图 3.40 电磁控制阀的工作原理

气动系统在场区的应用主要侧重于制配气方面,下面对以下 3 个气源方面的元件原理进行着重说明,其余控制元件的原理与在液压部分的原理相同,将在液压部分进行说明。

1. 分水过滤器

分水过滤器滤尘能力较强,它和减压阀、油雾器组装在一起,是气动系统中不可缺少的辅助装置。当压缩空气从分水过滤器的输入口流入时,气体及它所含的冷凝水、油滴和固态杂质由导流板(旋风挡板)引入滤杯中,旋风挡板使气流沿切线方向旋转,空气中的冷凝水、油滴和颗粒大的固态杂质等质量较大,受离心力作用被甩到滤杯内壁上,并流到底部沉积起来;压缩空气流过滤芯,其中颗粒较小的固态粒子被进一步清除,洁净的空气便从输出口输出。挡水板的作用是防止已积存的冷凝水再混入气流中。定期打开排放螺栓,放掉积存的油、水和杂质。

分水过滤器能去除压缩空气中的冷凝水、颗粒较大的固体杂质和油滴,用于空气的粗过滤。当人工放水和观察水位不方便时,应使用自动排水式分水过滤器,其底部设置的是自动排水器。

2. 油雾器

油雾器把雾化后的油雾全部随压缩空气输出。压缩空气从输入口进入油雾器后,绝大部分经主管道输出,小部分气流经截止阀进入油杯的上腔,使油面受压,并在油室和视油器之间形成压差。润滑油在此压差作用下,经吸油管、单向阀滴落到透明的视油器内,并顺着油路经喷射嘴被主管道中的高速气流引射到压缩空气中,雾化后随空气一同输出。

3. 空气干燥器

空气干燥器分为冷冻式、吸附式和膜式空气干燥器。冷冻式空气干燥器的原理先是使湿空气冷却到其露点以下,使空气中水蒸气凝结成水滴并清除出去,再将压缩空气加热至环境温度输送出去。吸附式空气干燥器是利用具有吸附性能的吸附剂(如硅胶、活性氧化铝、分子筛等)吸附空气中水蒸气的一种空气净化装置。膜式空气干燥器的原理是当湿空气从中空的分子膜纤维内部流过时,空气中的水分透过分子膜向外壁析出,由此排除了水分的干燥空气得以输出;同时,部分干燥空气与透过分子膜外壁的水分一起排向大气,使分子膜能连续地排除湿空气中的水分。

3.6.2 液压系统

液压传动是利用密闭系统中的受压液体作为工作介质来传递运动和动力的一种传动方式。一个完整的液压传动系统包括液压泵站、执行元件、控制元件和辅助元件。液压泵站是将电动机所输出的机械能转换成液体压力能的系统,其作用是向液压系统提供压力油,液压泵是液压系统的心脏;执行元件是把液体压力能转换成机械能以驱动工作机构的元件,包括液压缸和液压马达;控制元件包括压力、方向、流量控制阀,是对系统中液压力、流量、方向进行控制和调节的元件;辅助元件包括管道、管接头、油箱、滤油器等。

1. 方向控制阀

方向控制阀有单向阀、换向阀等。单向阀又称止回阀,它使液体只能沿一个方向通过,当反向流通时则不通。单向阀可用于液压泵的出口,防止系统油液倒流;也可用于隔开油路之间的联系,防止油路相互干扰;还可用作旁通阀,与其他类型的液压阀并联,从而构成组合阀。对单向阀的主要性能要求是:当油液沿一个方向通过时压力损失要小;当反向不通时密封性要好;动作灵敏,工作时无撞击和噪声。换向阀是利用阀芯和阀体间相对位置的不同来变换不同管路间的通断关系,实现接通、切断或改变液流的方向的阀类,按照阀工作位置数和控制通道数可分为二位二通阀、二位三通阀、二位四通阀、三位四通阀、三位五通阀等。

在液压系统中,工作机构的启动、停止或变换运动方向等是利用控制进入执行元件油流的通、断及改变流动方向来实现的。实现这些功能的回路称为方向控制回路。方向控制阀主要用于通断控制、换向控制、锁紧、保压等方面。

2．压力控制阀

压力控制阀简称压力阀。它包括用来控制液压系统的压力或利用压力变化作为信号来控制其他元件动作的阀类。按其功能和用途不同可分为溢流阀、减压阀、顺序阀和压力继电器等。它们的共同特点是:利用受控液流的压力对阀芯的作用力与其他作用力的平衡条件,来调节阀的开口量以改变液阻的大小,从而达到控制压力的目的。

溢流阀的主要用途有调压和稳压,一般用于由定量泵构成的液压源中,以调节泵的出口压力,保持该压力恒定;也可用作安全阀,当系统正常工作时,溢流阀处于关闭状态,仅在当系统压力大于其调定压力时才开启溢流,对系统起过载保护作用。溢流阀的特征是阀与负载并联,溢流口接回油箱,采用进口压力负反馈。

减压阀是一种利用液流流过缝隙产生压力损失,使其出口压力低于进口压力的控制阀。按调节的要求不同,减压阀可分为定压减压阀、定比减压阀和定差减压阀。定压减压阀用于控制出口压力为定值,使液压系统中某一部分得到较供油压力低的稳定压力;定比减压阀用来控制它的进出口压力保持调定不变的比例;定差减压阀则用来控制进出口压力差为定值。

3．电液比例阀

电液比例阀是一种输出量与输入信号成比例的液压阀。它可以按给定的输入电信号连续地、按比例地控制液流的压力、流量和方向。电液比例阀在航天发射场主要用于流量调节,在使用上配合电流放大板,当输入控制电流时,比例电磁铁的输出力与弹簧力平衡。滑阀开口量的大小与输入的电信号成比例。当控制电流输入另一端的比例电磁铁时,即可实现液流换向。

第二部分
航天发射场自动控制系统设计

　　航天发射场自动控制系统是保证航天测试和发射工作顺利进行的非常重要的部分,主要系统划分为推进剂加注与供配气控制系统、非标准机械控制系统、给排水消防控制系统、暖通空调控制系统、报警监测控制系统等。自动控制系统的设计应遵循专业基础的规约,并根据具体的应用环境和使用要求,通过特定的设计方法实现控制功能。

第4章 发射场自动控制系统设计技术要求

4.1 发射场自动控制系统的组成

航天发射场自动控制系统包含推进剂加注与供配气控制系统、非标准机械控制系统、给排水消防控制系统、暖通空调控制系统、报警监测控制系统等。

4.2 自动控制设计通用要求

4.2.1 基本规则

自动控制系统应设计合理、设施配套、技术先进、经济适用、安全可靠。

自动控制系统设计应符合可靠性、安全性、维修性、保障性、测试性、环境适应性等要求,还应符合使用单位的具体要求。

自动控制系统设计应以系统规模、管理模式、控制功能、使用需求为依据,合理配置控制系统和设备,满足系统的使用功能、使用环境、运行管理等要求,并应实现设备运行安全、可靠要求。

典型自动控制系统应由电源、传感器、执行器、控制器、人机界面、控制和管理计算机、通信网络和接口等组成。

自动控制系统设计应优先选择可靠性高、易维护、通用性高的控制设备和元器件;采用先进、成熟和实用的技术;自动化水平应满足工艺需要和用户要求,并具备技术经济综合比较优势。

自动控制系统设计应根据系统的功能、重要性等确定、采取冗余、容错技术。

自动控制系统设计应优先采用 PLC、工业控制计算机与网络通信设备等的构架模式;应采用容易扩展、维护和升级的网络及设备,合理确定相关控制网络形式,优先选用可靠性和冗余度高的控制网络形式。控制器应有支持标准通信协议的通信接口,支持传感器、执行器等现场采集执行装置的接入,支持与现场总线末端装置或第三方智能仪表的通信。系统(控制器或上位机)应具备与管理、信息化平台的通信接口。

自动控制系统应实现设备和参数的采集、传输、处理、访问、控制和信息管理功能;

应有参数越限报警、事故报警及报警记录功能,宜设有系统或设备故障诊断功能。

应根据系统复杂性和设备对运行操作的要求确定控制方式,可采用远程自动控制、近端自动控制、手动控制方式,应能做到自动与手动、近控与远控相结合,便于调试与维修,满足使用和应急需求。

4.2.2 控制用房设计要求

控制用房应按充分考虑人员使用、系统管理及设备安装需求和要求设计,应符合下列要求:

① 控制用房照度按 300 lx 设计(离地面 750 mm 处)。

② 主电源应由总配电箱独立回路提供。

③ 控制用房应远离粉尘、油烟、有害气体以及生产或储存具有腐蚀性、易燃、易爆物品的场所,宜远离电站、机电设备机房等高湿度、高温度、强电磁辐射、高噪声场所,不应设置在厕所、浴室或其他潮湿、易积水场所的正下方或与它们贴邻。

④ 应设有暖通空调系统,温度保持在 16～30 ℃,相对湿度保持在 30％～75％,新风量不小于 40 m³/(h·人)。

⑤ 宜设置架空防静电地板,架空防静电地板高度不小于 20 cm。

4.2.3 电源设置要求

交流电源配置应符合下列要求:

① 控制系统采用集中供电方式。主电源应由电站低压配电柜独立回路或建筑总电源独立回路提供,应采取过电电压保护和防雷电波侵入等保护措施。对集中供电有困难的个别特殊部位设备可采取就近取电。

② 电源引入应按照 GB 5226.1 的相关规定。

③ 根据系统安全等级划分选择供电等级,电源质量应符合所配置设备的技术要求。

④ 电源应按设备用电负荷的要求设计,系统不应少于 20％冗余。

⑤ 交流供电支持单相电压 AC220×(1±10％)V,电源频率 50×(1±2％)Hz;支持三相电压 AC380×(1±10％),电源频率 50×(1±2％)Hz。

⑥ 系统电路及元件工作电压一般采用 GB 156 标准电压中规定的额定电压值的优先值。

⑦ 根据系统安全等级配置 UPS 供电,维持系统正常工作时间不应低于 0.5 h。

⑧ 根据系统安全等级和容量配置选用双电源自动快速切换装置。

直流电源配置应符合下列要求:

① 设计功率应大于同时运行功率的 20％。

② 当输入电压的波动小于额定值 10％时,应能正常工作。

③ 当采用两台直流电源并联时,参考电位应并接后引出;每台直流电源的输出应分别设置短路保护,且当一台出现故障时,另一台应保证负载满负荷工作。

4.2.4　接地与防雷设计要求

接地设计应满足 GJB 1696—1993、GB 14050—2016 的要求。应将系统之间信号的等电位参考点或参考平面接至工作地;在保护地和工作地多点连接的情况下,应采取各个工作地先互连后再一点接到保护地的方式;终端及附属设备具有金属或部分金属外壳的,金属外壳应做保护接地(重复接地);应采取措施限制设备经人体对地产生的静电泄放电流,实施方法见 GJB/Z 25—1991;机电类控制的屏蔽接地的设计应按 GJB 1210—1991 相关要求执行;结合防雷的屏蔽接地的设计应按 GJB/Z 25—1991 相关要求执行;系统防雷的设计应按 GB 50343—2012 相关要求执行。

4.2.5　电缆配置及敷设要求

电缆配置应符合下列要求:

① 控制电缆应采用铜芯电缆;线芯截面宜为 1.0～1.5 mm,补偿导线线芯截面宜为 1.5～2.5 mm;测量信号回路的电缆和补偿导线的线芯截面,应按仪表的最大允许外部电阻及机械强度要求选择;动力电缆截面积根据负荷计算选择。

② 10 芯以下控制电缆的备用芯数不应少于 1 芯,10 芯以上电缆的备用芯数不应少于总数的 10%。

③ 测量信号线路应采用屏蔽电缆或穿金属管敷设,电缆屏蔽层或金属管应做好接地。

④ 应选用阻燃或阻燃耐火电缆。

⑤ 强、弱电不应共用一根电缆,模拟与数字信号线路应分别采用不同电缆。

⑥ 信号传输线路设计应根据信号传输速率和距离选择通信光缆;当选用单模光缆时,传输距离不宜大于 10 000 m;当选用多模光缆时,传输距离宜小于 2 000 m。

电缆敷设应符合下列要求:

① 电缆路由宜短,并应符合节约材料和信号衰减度小的原则。

② 除随行电缆外,电缆应选择穿管或桥架敷设方式,避免电缆裸露。

③ 强电、弱电、本安电缆应分管路敷设。

④ 敷设管道应安全可靠,并应满足物理安全和抗电磁干扰的要求。

⑤ 电缆敷设基本要求执行 GB 50168—2018、GB 50093—2013 的规定。

⑥ 线槽管线敷设执行 GB/T 19215.1—2003 的规定。

⑦ 导管配件的技术要求执行 GB/T 16316—1996 的规定。

⑧ 爆炸和火灾危险环境的电缆敷设施工设计应严格执行 GB 50257—2014 及 GB/T 3836.15—2017 系列的相关规定。

⑨ 应符合相关接地要求。

第 5 章　自动控制工程设计探究
——空调自动控制系统

空调系统在航天发射场设施设备系统中是一类测控对象类型丰富、工艺过程复杂的系统。本章选取空调自动控制系统为研究对象，介绍空调自动控制系统服务使用需求、实现工艺控制要求的设计过程、思路。

5.1　空调系统简述

空调系统是航天发射场环境保障中的重要设施设备，在航天发射场测试、发射过程中是保障要求最高、运行时间最长的重要系统。在航天发射场测试、发射过程当中对测试厂房、工作封闭区等地区的环境保障要求非常严格。

为了保证空调系统在测试期间能够按照设计要求的指标完成环境保障工作，自动控制系统的作用举足轻重。空气调节的目的有两个：一个是以满足工业生产工艺或测试工作对室内空气环境参数要求为目的，称为工艺性空气调节；另一个是以满足人体对室内空气热湿环境要求及健康要求为目的，称为舒适性空气调节。当主要研究对象是工艺性空气调节时，系统研究和设计的主要目标为如何实现工艺性空气调节满足生产工艺或测试工作对空气环境参数的要求。当设计生产环境有人员的工艺性空气调节时，设计目标为满足生产工艺对空气环境参数的要求，兼顾人员的舒适及健康要求。当建筑中以满足人员的舒适性要求为主时，空气调节设计的依据为现行国家标准 GB 50736—2012《民用建筑供暖通风与空气调节设计规范》中的相关规定。

集中式空调系统是空气处理的最主要设备之一，是以冷、热水或蒸汽等为媒介，用以完成对空气的过滤、净化、加热、冷却、加湿、减湿、消声以及新风处理等的箱体组合式机组及外围设备。

集中式空调系统主要由空气处理设备、空气输送设备、空气分布设备、空调控制设备组成。

过滤器将空气净化处理后送入室内，以保证洁净房间的工艺要求和一般空调房间内的空气洁净度。新风和回风一般必须经过滤器净化。而为了保证空调系统的正常运行，对过滤器前后的空气差压应进行自动检测和信号报警，以便及时更换或修理过滤器。

① 空气一次加热功能段（即预热段）：用以加热新风或新风与一次回风的混合风。在寒冷的冬季，有时常需要将新风预热后再与一次回风混合。一次加热器是空调自动

控制的对象之一。一般的预热方式是电预热、蒸汽预热等。

② 一次回风混合功能段：设置该段的目的是冬季节省热量、夏季节省冷量，以实现节能。

③ 表面冷却器功能段：这是空调机组的核心部分，空气要在该段按照不同工况及要求分别进行减焓、冷却、加湿、降湿等处理。这一段也是空调自动控制的主要对象。

④ 二次回风混合功能段：经上段处理后的空气与二次回风混合，利用二次回风可代替部分二次加热，以达到节能的目的。但是增加二次回风会增加投资，也使操作控制和管理变得复杂。

⑤ 空气二次加热功能段：也被称为再热功能段，通常设在表面冷却器功能段之后。当有二次回风混合时，则将此功能段设在二次回风混合功能段之后，尤其是在冬季，此功能段是保证送风温度或空调室内温度恒定必不可少的温度调节段。对于对温湿度有较高要求的使用场所，再热功能段是必不可少的段位。再热方式一般有电再热、蒸汽再热、热水再热等，往往是为了配合表冷除湿后提升送风温度和降低送风湿度的必要手段。

⑥ 加湿功能段：当由于季节变化或工艺的要求提高空气湿度时，进行空气加湿处理。机组可提供多种加湿方式：高压喷雾加湿、干蒸汽加湿、电极加湿、湿膜加湿。部件有超声波加湿器、干蒸汽加湿器、电热式蒸汽加湿器、电极式蒸汽加湿器、湿膜加湿器。

以上各功能段是按照大类进行划分的，每个大类还分为若干的细项，参看表 5.1。并非每个空调系统都使用全部功能段，而是根据工艺要求设置。

表 5.1 空调系统功能段

序 号	功能段名称	功能段简介
1	进风段（新风/回风）	根据不同的需求可接回风风管或者新风风管，进风口也可根据需求采用后进风或上进风，风口可安装法兰或手、电动风阀
2	排风段（二次回风段）	该段主要功能是排风或进行二次回风，风口可安装法兰或手、电动风阀
3	混合段	主要是新风与回风混合的功能段，风口可安装法兰或手、电动风阀进行风量调节
4	组合段（排风、回风和新风合成段）	该功能段主要起排风和补充新风的作用，通常在采用该功能段的时候用到回风机
5	初效过滤段（板式、袋式）	分为板式和袋式两种，标配为板式过滤器，一般设置在混合段之后，对混合空气进行初步过滤，过滤等级为 G3 或 G4
6	中效过滤段（板式、袋式）	标配为袋式过滤器，过滤等级为 F7，通常可作为一般空调机组最后的过滤器和高效过滤器的预过滤器
7	亚高效过滤段	用于净化要求高的场所，前面一般加装中效过滤器，过滤等级为 H10
8	高效过滤段	用于洁净度要求非常高的场所，一般安装在机组的最末端，过滤等级为 H13
9	表冷段	供冷换热器，可根据供冷量的不同提供 4 排、6 排或 8 排盘管铝翅片，为亲水材料，后可设防水板，即使在高风速下也不会有水滴吹出

序 号	功能段名称	功能段简介
10	电加热段	加热换热器,该功能段采用电加热管进行辅助加热
11	热水加热段	加热换热器,根据供热量的不同提供 2 排、4 排管的盘管
12	蒸汽加热段	加热换热器,根据供热量的不同提供 1 排、2 排管的盘管
13	电极加湿段	采用电极加湿器进行加湿、洁净等温加湿,加湿效率高,调节精度高,可实现多档调节制冷控制
14	湿膜加湿段	采用湿膜加湿,安全可靠、寿命长、洁净加湿,具备自控接口
15	干蒸汽加湿段	采用干蒸汽加湿器进行加湿、洁净等温加湿,加湿效率高,调节精度高,可实现多档调节智能控制
16	高压喷雾加湿段	采用高压喷雾加湿器进行加湿,加湿量大,带自控接口,具备无水保护功能
17	高压微雾加湿段	采用高压微雾加湿器进行加湿,加湿量大,高效节能
18	风机段	采用高效离心风机,可根据需求采用上送风或是倒送风,当风机段下游还有其他段时其后要加均流段。模数由风量和风机全压以及出风位置确定
19	均流段	一般安装在风机段后面,可使风速均匀分布
20	消声段	可根据不同的消声要求采用抗性阻性消声器或复合型消声器,段长越长,消声量越大
21	中间段(检修段)	该段主要是检修或维护各功能元器件,模数根据具体需要维护的元器件大小确定
22	转弯段	可满足用户的特殊送风方向的要求
23	送风段	该段的主要功能是送风,可根据不同的需求设置,出风口可侧送风也可上送风,模数由风口位置以及机型大小决定
24	绿色段	采用高压电子系统及高效吸附净化材料,将空间内各种有害物质进行过滤、极化、吸附、催化分解等处理
25	热回收段	采用高效转轮式热回收器,能实现全热、显热的能量回收,最高能量回收效率可达 80%

5.2 空调自动控制系统

　　空调自动控制系统是利用自动控制装置,保证某一特定空间内的空气环境状态参数达到期望值的控制系统。

　　空调自动控制系统一般配置 PLC 或 DDC 结合触摸屏的控制形式。组合式空调机组一般都包含模拟量水阀的温度控制、模拟量的加湿控制、电预热或电再热的分级控制、风机启停调制控制、堵塞报警等控制需求,控制设备众多、联锁互锁关系复杂,很少使用手动形式控制,多数都采用自动控制模式。

5.2.1 空调自动控制系统的组成

空调自动控制系统由传感器、控制器、执行调节机构组成。

1. 传感器

敏感元件是传感器的重要组成部分,需要进行调节的参数称为被调参数。传感器感受被调参数的大小,并及时发出信号给调节器。若传感器发出的信号与调节器所要求的信号不符,则需要利用变送器将传感器发出的信号转换成调节器所要求的标准信号。因此,传感器的输入是被调参数,输出是检测信号。传感器种类很多,按控制参数分为温度传感器、相对湿度传感器、压力和压差传感器、焓值传感器、含湿量传感器等。

2. 控制器

控制器接收传感器输出的信号并与给定值进行比较,按设定的控制模式对执行机构发出调节信号。任一时刻被调参数的实测值与给定值之差称为偏差,控制器对偏差按一定的模式进行计算,并给出调节量。

常用的控制模式有:

① 双位控制——开关控制(如压差开关、流量开关等)。

② 比例控制(P)——调节量正比于偏差。

③ 积分控制(I)——调节量正比于偏差对时间的积分。

④ 微分控制(D)——调节量正比于偏差对时间的导数。

3. 执行调节机构

执行机构根据来自控制器的调节信号驱动调节机构,如接触器、电动阀门的电动机、电磁阀的电磁铁、气动薄膜部分等都属于执行机构。

调节机构与执行机构紧密相联,有时合成一个整体,称为执行调节机构。如调节风量的阀门、冷热媒管路上的阀门、电加热器等。

5.2.2 空调自动控制系统的特点

实现空调系统的自动化,不仅可以提高调节质量,降低冷、热量的消耗,节约能量,同时可以减轻劳动强度,减少运行维护人员数量,提高劳动生产率和技术管理水平。空调系统自动化程度也是反映空调技术先进性的一个重要方面。因此,随着自动调节技术和电子技术的发展,空调系统的自动控制必将得到更广泛的应用。

5.2.3 实现空调自动控制的品质指标

① 静差:当自动控制系统在消除扰量后,从原来的平衡状态过渡到新的平衡状态时,被调参数的新稳定值与原来给定值之偏差称为静差。静差愈小愈好,其大小由调节器决定。

② 动态偏差:在过渡过程中,被调参数与新的稳定值的最大偏差值称为动态偏差。

动态偏差常指第一次出现的超调,愈小愈好。

③ 调节时间:控制系统从原来的平衡状态过渡到另一个新的平衡状态所经历的时间称为调节时间,愈短愈好。

以上三项指标根据要求不同而定。对于一般精度恒温湿的自动控制系统,要求动态偏差和静差不超过恒温精度。例如要求室温(20±1)℃,且过渡过程要短。对于高精度空调系统,要求就更严格。

空调自动控制系统的任务是对以空调房间为主要调节对象的空调系统的温湿度及其他参数进行自动检测、自动调节以及有关的信号报警和联锁保护控制,还包括对制冷系统的自动控制。在场区,因为冷冻站和空调机房一般都是分建的,所以除对制冷系统的自动控制外,还有两者之间进行配合的控制问题。此外,对空调中使用的热媒(如蒸汽或热水),还需进行温度、压力、流量等自动测量、调节及其联锁控制,以保证空调系统的正常运行。

空调自动控制系统能够监测组合式空调机组进出风口、机组各功能段以及房间的温度、湿度、风速和压差等传感器参数,监测控制风机、风阀、水阀、电加热器、压缩机、电加湿器、转轮除湿机等功能设备的投切、调制以及运行,根据信号报警驱动联锁保护。

空调自动控制系统测控对象为组合式空调机组所包含的风机、电加热器、电加湿器、压缩机、转轮除湿机、泵、冷冻站、冷却风机、风阀、水阀、防火密闭阀、温湿度传感器、压力传感器、压差传感器等工艺设备。在满足环境保障前提下,如何最大限度地实现节能、环保、高效,是空调工艺和控制设计工作者一直在研究的课题,也是他们努力的方向。

空调自动控制设计应根据工艺条件,在满足空调要求的前提下,力求简单、实用、可靠,还要具有良好的技术经济指标。

5.3 空调自动控制系统设计过程

航天发射场场区空调系统主要涉及新风处理系统、组合式空调系统。根据使用需求不同,空调系统可采用直流送风方式或者循环送风方式。空调系统的功能实现分为降温、除湿、加热、增湿、洁净等。

不管工艺流程要求如何,空调系统涉及的主要设备都是风阀、水阀、过滤器、风机、电加热器、蒸汽加热器、电加湿器、蒸汽加湿器、转轮除湿机组、压缩制冷机组、冷冻站、温湿度传感器、压力传感器、压差传感器、风速传感器、温度传感器等。空调机组一般顺序设置过滤、加热、除湿、制冷、加湿功能的设备,空调系统功能的实现是根据温湿度、洁净度要求以及环境保障的要求合理地将上述设备组合在一起,空调自动控制系统在此机组组成的基础上,根据工艺要求执行控制职能。

5.3.1 空调自动控制系统的设计要求

① 应根据保障对象的功能与标准、系统类型、设备运行时间以及工艺要求等因素,

并通过技术经济比较确定控制策略。

② 应具有自动调节与控制、工况转换、设备联锁、自动保护与报警、能量计量以及中央监控与管理等功能。

③ 应能自动与手动、近控与远控切换，并便于调试与维修。

④ 宜设集中监控和现场控制，现场控制宜安装在机组或设备附近。

⑤ 应能根据温度、湿度基准，将温度、湿度控制在精度要求范围内。

⑥ 应能根据控制参数要求通过预定程序自动进行控制，系统启停应遵循一定的顺序约束。

⑦ 应设置操作权限、访问控制等安全机制。

⑧ 应对工艺流程及主控制参数(如温度、湿度、阀门开度、转速等模拟量信号,电机、风机、开关、限位等数字量信号)进行显示,应有参数超限报警、事故报警及记录功能。

⑨ 应可与电加湿器、转轮除湿机组等其他自带控制装置的设备通过通信接口或电气接口进行数据交互和控制。

5.3.2 空调系统的联锁与控制要求

① 风机宜采用变频控制。

② 送风机与回风机的控制回路应相互联锁。

③ 电加热器应与送风机、风阀联锁,并应设无风断电保护装置,应有温度过热保护开关。

④ 当防火阀动作或消防系统发出火灾信号时,应立即停止所有风机和电加热器,并关闭相关阀门,同时发出声光报警信号。

⑤ 转轮除湿机再生段电加热器应与再生段风阀、再生风机、转轮电机联锁,并设过温断电保护装置,转轮应具有位置检测功能。

⑥ 电蒸汽加湿器的水位信号应与供水泵、电加热器联锁。

⑦ 风压过滤器、风机等设备两侧设置的压差传感器应能够报警,并与风机联锁。

⑧ 风机电机应有震动检测,以及电机轴承温度检测功能。

⑨ 温度与湿度测量传感元件的安装位置应根据工艺要求、气流组织、设备布置等具体情况确定,但须避免安装在死角、受辐射热、振动和有滴水的地方。

⑩ 当测量室内平均温度与湿度时,测量传感元件应安装在回风口附近;对均匀度要求较高的系统,应安装 3 个以上传感元件,取其平均值进行控制。

5.3.3 空调系统控制要点分析

空调自动控制系统的设计实现,要在研究空调系统工艺过程和工艺设备工作机制的基础之上,才能做到贴合实际使用需求。空调系统测控点示意图如图 5.1 所示,下面以空调系统功能实现为主线,根据工艺设备逐项研讨控制的实现。

1. 过 滤

对于一般的空调系统都会在机组进口处设置初效过滤器,通过阻隔、吸附达到过滤

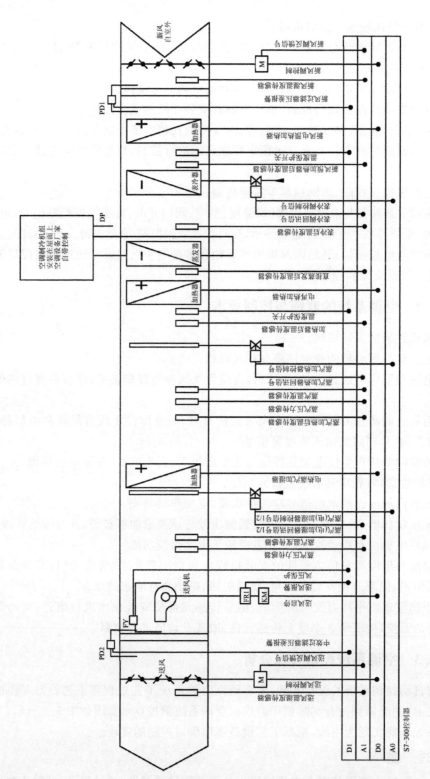

图5.1　空调系统测控点示意图

空气中悬浮颗粒的作用,根据系统要求不同,机组还会选择性地在机组后端设置中效和高效过滤器,以达到不同的洁净度要求。洁净过滤对于自动控制系统来说需要测控的是压差传感器,当压差传感器达到设定的监测警戒值时,输出一触点信号,自动控制系统接收到这个信号后提示系统过滤器已达到更换或清洗的要求。

2. 升 温

空调系统的升温有两种方式,一种是电加热,一种是蒸汽加热。

电加热通过电热丝通电生热达到升温目的。根据不同的季节以及产品环境要求,电加热系统有时会分为电预热和电再热。通过预热达到一定的温升,如果能够满足系统的要求,就不启用电再热;如果预热达不到要求的温升,则还会启用电再热。

电加热一般都要分档以达到不同的控制要求。分档要注意两点:一是分档要分出层次,以达到不同的测控要求。中、高档一般直接投切,低档用于微调,微调档可采用固态继电器进行控制。固态继电器有支持频繁通断的特性,适于微调控制,根据目标温度值,当系统温度低于目标值时,固态继电器接通微调电热丝进行加热,当达到目标值时固态继电器切断微调电热丝。此控制方式简洁,易于达到测控目标。二是要注意档位分配的合理性。电热丝和其他单体设备一样有行业约定的档位,而且在连接过程中三角形连接方式比较多见,档位的分配要参照这些原则确定。

对于有热力站的厂区,可以直接利用热力系统的蒸汽经过机组内设的盘管对系统进行加热,自动控制系统通过控制蒸汽管路进入机组的阀门开度来实现蒸汽加热的目标控制。蒸汽阀一般选用 AC24 V 供电、模拟量给定和模拟量反馈的水阀。为保证系统控制的灵活性,控制柜设手操器,通过手自动切换实现控制功能。水阀手动控制设计如图 5.2 所示。

3. 降温除湿

温度降低的过程水分会凝结,因此,降温除湿是一个综合的过程。降温除湿方式有冷冻水表面凝结方式、压缩机组直接蒸发方式,纯粹的除湿方式还有转轮除湿机组除湿方式。

对于有冷冻站提供冷源的厂区,利用 7～11 ℃的冷冻水流过机组内盘管既可降温又可除湿,自动控制系统通过控制冷冻水的水阀开度来实现降温除湿目的。一般选用 AC24 V 供电、模拟量给定和模拟量反馈的水阀。为保证系统控制的灵活性,控制柜设手操器,通过手自动切换实现控制功能。

对于没有冷冻站的厂区,就需要配备压缩机组,通过氟利昂汽液转换吸热来实现降温除湿功能。压缩机组有自己的一套独立的控制系统,涉及压缩机的启停、过热保护、氟高低压保护、风机联锁及保护等。对于组合式机组内部压缩机组直接蒸发方式降温除湿的控制只限于压缩机的启停。

转轮除湿机组除湿方式通过转轮的吸附水分的作用达到除湿目的,转轮在吸湿后需要热风对它进行再生,因此,转轮除湿机组的控制涉及转轮的驱动、电加热、风机的启停以及它们之间的联锁。

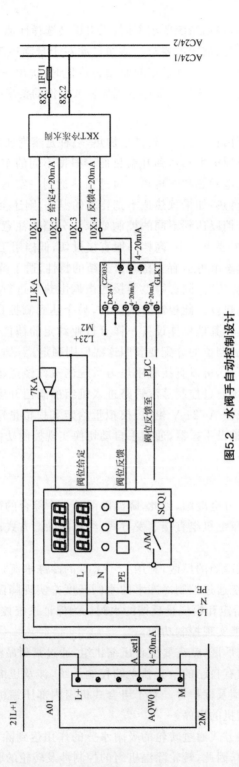

图5.2 水阀手自动控制设计

4．加　湿

机组加湿的实现有蒸汽加湿和电加湿两种方式。对于有热力站的厂区，通过将热力站蒸汽送入机组，控制加湿阀开度大小调节蒸汽进入机组的量来实现湿度控制。蒸汽阀和水阀属于一类，控制方式参照上述方式实现。

没有热力站蒸汽源的厂区可采用电加湿的方式，先通过电热器将水加热成蒸汽，再通过进入机组的蒸汽阀开度实现控制目标。电加湿的控制也有自有的控制及保护要求，无非是电热丝的投切、蒸汽阀的控制，以及温度、水流保护。

5．风　机

风机是空调系统的动力源，根据保障环境以及测控目标的不同，风机配备的功率差异较大，随着控制精度以及节能要求的提高，变频控制已经成为主流控制模式。一套机组里至少有一台风机，也有根据送风方式不同分别配备送风机、排风机、回风机的模式。如果控制要求简单，风机功率小，则可采取直接启动方式；对于功率大的风机则采用软启动器控制或降压启动控制方式。对于控制精度有要求的风机采用变频控制模式。风机的控制要设计手自动切换控制方式，便于控制方式的互备以及满足检修调试的需求。变频风机控制设计如图 5.3 所示。

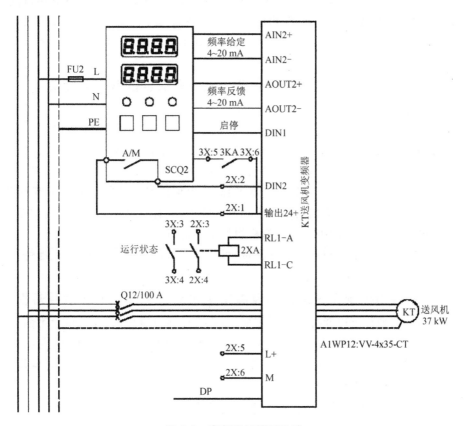

图 5.3　变频风机控制设计

6. 风 阀

风阀分为进风阀、送风阀和回风阀,通过风阀的开闭可确定风的运行方向。根据使用习惯,风阀执行器可选择带电位器开度反馈的 AC220 V 浮点控制型。根据开度回馈控制风阀电机的正反转运行。

5.3.4 空调自动控制系统的设计原则

下面以全功能组合式空调机组为例,以工艺流程和工艺设备为出发点,分析研究空调自动控制系统的设计原则。

1. 空调自动控制系统设计人员要对系统有比较清晰的认识

空调自动控制系统设计一定要结合工艺过程和工艺要求,只有在对工艺有较深的理解之后才能确保设计的合理性和实用性。

空调自动控制系统都是要根据工艺要求进行设计的,有的工艺人员提供的测控条件比较完备和清楚,有的工艺人员提供的测控条件比较粗泛。对于有一定工程设计经验的设计人员来说,拿到工艺的流程图就能自己分析出所有的测控点以及要求。比如,对于一套机组来说,起始处是进风阀,若在北方地区则要在其后设防冻开关,初效过滤器要设压差保护装置,电加热器后要设过热保护装置,电加湿要对电加热和蒸汽阀进行控制,风机也要设压差保护装置,在机组进风处和风进入室内处要设温湿度传感器,中效、高效过滤器也要设压差保护装置等。只有在确定了测控对象之后,设计才会贴合实际系统。

2. 空调自动控制系统设计要强调工艺设备必要的联锁互锁关系

为了保证空调系统设备运行的安全,在空调自动控制系统设计过程当中需要将一些必要的联锁互锁关系设计进去,有效地保护系统设备,避免误操作造成的损失。例如,电加热器必须和风机联锁,只有风机运行才可以开电加热器,在电加热器停止一定时间后再关闭风机;电加热器要和过热保护装置、防冻开关联锁,当防冻开关报警时应启动部分电加热器,防止低温对机组设备的损害;电加热温度过高,过热保护装置报警,切断电加热器;电加湿器、蒸汽加湿器应和风机联锁,只有风机启动才可进行加湿工作;防火阀与风机联锁,防火阀报警要切断机组风机的运行。

将必要的联锁关系在硬件部分就完备,可降低对操作人员的要求,有效地保护工艺设备。

3. 空调自动控制系统设计要兼顾安全可靠性和操作的灵活互备性

重要的控制参数可以通过二次仪表显示,也可以通过触摸屏、上位机之类的人机界面进行显示和设置。风机、阀门、电加热器等关键设备的投入可采用手动、自动控制互备的方式,这样既提高系统的安全控制能力,使控制方式多样互备,又可满足检修、测试对单体设备的操控要求。

4. 要注意通过设计和施工避免系统干扰

空调自动控制系统涉及的模拟量测控点比较多,湿度、温度、压力、流速等都是模拟量信号,风阀、水阀的控制和回讯信号也多是模拟量,模拟量信号容易被干扰,在设计选型过程中要予以考虑。在施工过程中也要注意控制信号电缆与动力电缆敷设原则,避免干扰。变频器等对电网和其他控制设备干扰较大的设备在安装、走线布置上应遵循规范,选用屏蔽电缆,并注意接地处理。

系统的安全性、可靠性以及灵活性是设计出来,也是维护出来的,因此,应当在系统建立使用的全过程中加以注重。

5.3.5　空调自动控制系统的效益提高分析

各航天发射场空调系统功能实现的侧重点各有区别,其中共性的地方是制冷压缩机和电加热器的使用,制冷压缩机作为主要的降温和除湿设备在空调系统中不可或缺,电加热器是实现升温或温度补偿的重要设备。制冷压缩机和电加热器也是空调机组的能耗大户。现代航天发射场空调系统设计已经不仅仅局限于满足功能使用的要求,而是要探索如何科学地提高系统的环保、节能、高效程度。

1. 组合式空调机组的功能实现分析

以一个典型的全功能组合式空调机组的工艺设备流程为例,对组合式空调机组的功能实现进行分析。对于制冷压缩机系统,通常会把压缩机的冷凝器装配到空调机组附近的室外屋顶或平台上,全部冷凝热通过轴流风机直接疏散到室外空气中。对于传统的组合式空调机组功能段,制冷压缩机组系统主要利用其蒸发器实现降温除湿功能,因为除湿产生的温降在有些季节又需要通过电加热来补足。机组运行产生的大量的冷凝热不仅直排,而且需要轴流风机耗电去实现,机组内部又需要用电加热去减小温降。这从节能的角度考虑应该有更优化的解决方案。

从热泵式双向式空调工作原理上获取思路,考虑把部分冷凝器装配到机组功能段,将冷凝热作为机组热源参与机组功能实现,机组具体需要怎样份额的冷凝热要通过计算经由制冷剂三通比例调节阀调节实现。

$$Q = q_m c_p \Delta t$$
$$= 1.2 \text{ kg/m}^3 \times \frac{q}{3\ 600} \times 1.01 \times 1\ 000 \text{ J(kg} \cdot \text{℃)} \times \Delta t$$
$$= 0.337 \times q \times \Delta t$$

其中,Q 为发热量,kW;q_m 为质量流量,kg/s;c_p 为定压比热容,kJ/(kg·℃);q 为风量,m³/h;Δt 为温差,℃。

实现思路确定后,在实际的工程设计实现中还需要解决冷媒分流问题。对于冷媒R407而言,选取制冷剂三通比例调节阀是可以实现的。但出于环保的考虑,已采用环保型冷媒 R410A 替代冷媒 R407。

由于冷媒成分特性的差异,因此没有适合 R410A 耐高压的三通比例调节阀可以选用。如何实现管路内高压气体的分流是关键所在。经查阅资料和分析研究,提出使用多个电磁阀串并联经多条管路分配、实现高压气体分流的解决方案。

冷媒 R410A 分流控制的实现方式如图 5.4 所示,流程图中 YC1～YC3 电磁阀的串并联分配可实现冷媒的分流。

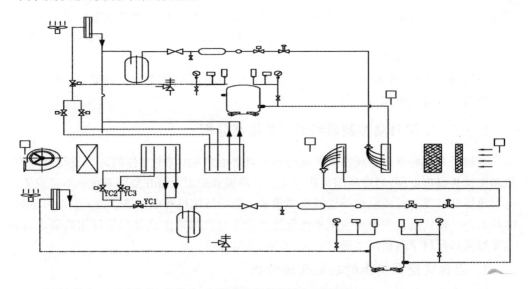

图 5.4　热回收电磁阀组合分流控制

　　根据使用工况,将冷凝热导入机组作为热源或者全部交由冷凝风扇直接排放,由 YC1 电磁阀控制实现。YC2 和 YC3 电磁阀并联可将冷凝热一分为二,通过开阀的数量以及开阀持续时间可以控制冷凝热的量,从而实现冷凝热分配。对于每个系统,能量需求以及工况有区别,经过精密计算可以通过若干个电磁阀、多通路来实现不同的能源分配使用需求。

　　把思想的火花转化为工程实现往往还需要一个艰苦的过程,在工厂进行实验的过程中也遇到过诸多问题,如计算值和实际值的差异、电磁阀开合顺序对实验的影响等。电磁阀时序分配是个精密的过程,开得早晚、开合顺序可能会导致高压超压报警引起系统保护。经过若干次反复实验、调试,终于找到电测阀组合的开合顺序和时序规律,从而实现冷媒高压气体的分配功能。

　　该技术以经济的成本实现高压气体的分流控制,对节能、环保具有重要意义。

2. 热回收利用设计过程的创新思维

　　热回收利用方案除具有提升组合式空调机组效能以及节能、环保的意义之外,对部分不适于室外散热的工程实现具有特殊意义。在实际中,有时因为工程的特殊性,从室内压缩机到室外冷凝器的管路过长,影响制冷压缩机组的性能和功能,或者因为某些特殊性要求,这些工程不适于装配室外散热系统,而将冷凝器安装在机组内既解决了热回收利用的问题,也符合特殊工程实现需求。

　　除热回收利用系统外,电热元件的选配和使用对空调系统实现节能、环保、增效也有很大影响。

　　组合式空调机组的电预热和电加热多选用传统电热管作为将电能转化为热能的电加热器件,这种器件结构简单、机械性能好,安装简便、使用寿命长,一直有广泛应用。

在航天发射场空调系统中电加热耗能份额较大,尤其是在北方过渡季节,电加热在空调系统用电总容量中占绝对份额。如何能在保证系统热量供给的情况下减少用电负荷是设计中的关键问题,发热材料的优选应该是切入点之一。

经跟踪和调研,陶瓷电热元件进入研究者的视线。陶瓷电热管是一种在 96％以上的管状氧化铝陶瓷上面印刷发热线路,经高温共烧而成的管状发热体,发热丝线路嵌入管壁与空气隔离,减少发热丝氧化对产品寿命的影响,当电流通过发热丝线路时,发热丝线路发热。氧化铝陶瓷具有金属正温度特性,产品阻值随着温度上升而增大,在保证原有热能的情况下,功耗降低、节约能源,同时它硬度大、耐磨性能好、质量轻、抗压和绝缘性能可靠,不含重金属或其他污染环境的物质,升温比金属电热管快,在同一温度的功耗比金属电热管减少 20％～30％。陶瓷发热还有个特性是通电加热后发热而不带电且不发红、无明火,安全可靠。基于陶瓷电热元件的这些优异特性,在空调系统中可以考虑将陶瓷电热元件作为新型节能电热功能段的选材。

5.3.6 自动控制系统在各种工况中的解决方案

对于电预热和电加热负荷,都会考虑分档控制使用,以满足不同季节、不同工况对电加热容量使用需求。当经过设计人员计算负荷进行分档时不能太随意确定功率分档分配的实现,分档原则要遵从电热元件自身特性,本着连续可调、满足热量计算负荷来进行科学分配。

电热元件功率分档不是从 0 开始无限制连续分配的。对于电热管来说,理论上每根电热管可以按照要求的任何功率分配生产,但在实际工厂生产中都是根据行业使用习惯按整功率数生产配置的。再结合电加热系统连接安装配置采用三角形接法,因此,在电热功能段设计分配应遵循这些规律,功率计算分档以 3 的整数倍进行分配。比如按照 60 kW＝9 kW＋9 kW＋18 kW＋24 kW,144 kW＝12 kW＋12 kW＋24 kW＋48 kW＋48 kW 的方式计算分档。

分档控制使用还有一个连续可调控制原则,如果不是连续可调,断档分配,则在实际系统调试过程中就会遇到温升不稳定、忽高忽低的问题,增加其他功能段配合的复杂程度,还有可能达不到设计使用需求。比如将 60 kW 电加热分为 9 kW＋9 kW＋18 kW＋24 kW,其中 9 kW 采取连续可调方式,其他 9 kW＋18 kW＋24 kW 采用定功率投入方式。当需要 0～9 kW 的容量时,动态调节达到使用需求;当超过 9 kW 时,投入定功率的 9 kW、结合 9 kW 的连续可调,实现 0～18 kW 可调范围,依照这种方式,可实现 0～60 kW 全覆盖连续可调。

可调热段可以采取固态继电器和调功器来实现连续调节控制。固态继电器通过通断时间持续的长短来达到连续调节发热量的控制目的。调功器通过改变电压、电流来改变发热量,发热量与电压的二次方成正比、与电流的二次方成正比:

$$C \times m \times \Delta T = P \times t = \frac{U^2}{R} \times t = I^2 R t$$

其中,C 为需加热物质比热容;m 为需加热物质总质量;ΔT 为温差;P 为功率;t 为时间。

当在以上两个分档原则的基础上计算电热元件功率分配时,有时会发现,以 3 kW 的整数倍结合连续覆盖原则计算的功率分配,会与工艺设计计算的总功率数不完全匹配。比如设计需要 62 kW,而当实际计算分配时有 60 kW 分配方式,欠 2 kW,同时,有的计算也会出现超出设计需要功率数的情况。这种情况怎么处理呢?工艺在电热部分功率负荷计算时会预留实际计算值的 10% 的余量。因此,实际功率分配可以与设计计算值有一点幅度的差异。对于机组功能段,尤其是北方工况,电预热不足易使盘管结露,电预热部分原则上功率分配较多负荷(超出),宁超不缺。电预热部分超出的,电再热部分可以少量分担,以达到整个机组热量需求的平衡。

第6章　智能化在自动控制
系统设计中的应用

远程控制模式对现场测控设备提出了新的需求,为保证自动控制系统能够全面有效地监测控制现场设备,要求现场设备必须具有智能化的特点。智能化现场设备所携带的信息量应当比传统的现场设备更多,不仅功能要满足系统要求,而且要将现场设备自身的一些状态以及控制信息在远端控制系统和现场设备之间实现互传。第一,智能化变送器、执行器采用了现场计算机技术而精度高、可靠性高;第二,智能化现场设备采用总线结构、数字化连接,减少了中间串联环节(大量的点对点连接电缆,A/D、D/A接口及变换),有利于提高系统可靠性;第三,智能化执行器把传统上由控制器完成的调节比较功能转移到现场智能定位器(执行器)中,提高了控制效率、减少了数据交换、降低了控制风险。最主要的是由于采用智能化现场设备,自动控制系统在建立系统管理信息数据库的基础上可实现远距离故障诊断和远程在线维护,提高了系统可靠性,减少了维护成本,节约了人力资源。

自动控制系统中各种参数信息是由变送器产生的。各种新型的数字变送器采用现代先进的传感器、微处理器、参数补偿、数字化和网络通信等技术,在结构上做到了检测与变换的一体化。现场总线是一种全分散、全数字化、双向、多变量、多点、多站的串行通信网络,实现了一对总线上传输多个节点的多种信号。现场总线智能仪表是个特定的概念,即把遵循国际现场总线协议设计制造的智能仪表称为现场总线智能仪表。安装在制造或过程区域现场装置与控制室内的自动控制装置之间的数字式、串行和多点通信的数据总线称为现场总线。从技术的角度可以认为,现场总线技术将专用的微处理器置入传统的测量控制仪表,使它们各自都具有数字通信能力,成为网络的一个节点,可独立完成测量控制或通信任务,并把分散的多个测控仪表或测控装置变成网络节点,构成网络与控制系统,完成自动测量与控制任务。

在现场总线控制系统下,智能现场仪表替代了传统集散控制系统中的模拟现场仪表。这里的所谓"智能",是指现场变送器除了具有信号变换、补偿等功能外,还具有控制功能,如PID等运算控制功能;而执行器除了具有调节和驱动功能外,还具有特性补偿、自诊断功能。也就是说,在现场总线控制系统下,现场仪表设备具有功能自治能力,它把传感测量、补偿计算、工程量处理与控制等功能分散到现场仪表中完成。现场总线发展迅速,目前比较常见的有HART协议、PA总线协议等通信协议。

智能化变送器、执行器等智能化现场设备都具有智能及数字通信能力,系统既可向现场发送指令(如控制指令、设定值、量程、报警值等),同时也能实时获取现场设备的状态(如测量值、环境参数、设备运行、设备校准、自诊断情况、报警信息、故障数据等),更重要的是原来由主控制器完成的控制运算也被分散到了各个现场设备上,大大提高了系统的可靠性和灵活性。

6.1　HART 协议变送器与执行器

HART(Highway Addressable Remote Transducer),即可寻址远程传感器高速通道的开放通信协议。HART 协议可以在一条电缆上同时传递 4~20 mA 模拟信号和数字信号,主要变量和控制信号信息由 4~20 mA 传送,而另外的测量、过程参数、设备组态、校准及诊断信息在同一线、同一时刻通过 HART 协议访问。HART 装置提供具有相对低的带宽、适度响应时间的通信。HART 协议采用基于 Bell202 标准的 FSK 频移键控信号,在低频的 4~20 mA 模拟信号上叠加幅度为 0.5 mA 的音频数字信号进行双向数字通信,数据传输率为 1.2 Mbit/s,如图 6.1 所示。由于 FSK 信号的平均值为 0,因此不影响传送给控制系统的模拟信号大小,保证了与现有模拟系统的兼容性。

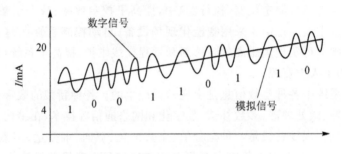

图 6.1　HART 协议信号传送原理

HART 通信采用的是半双工的通信方式,其特点是在现有模拟信号传输线上实现数字信号通信,属于模拟系统向数字系统转变过程中的过渡性产品,因而在当前的过渡时期具有较强的市场竞争能力,得到了较快发展。HART 规定了一系列命令,按命令方式工作。它有三类命令:第一类称为通用命令,这是所有设备都理解、都执行的命令;第二类称为一般行为命令,所提供的功能可以在许多现场设备中实现,这类命令包括最常用的现场设备的功能库;第三类称为特殊设备命令,以便于工作在某些设备中实现特殊功能。在一个现场设备中通常可发现同时存在这三类命令。HART 能利用总线供电,可满足本质安全防爆要求。

HART 协议变送器用于液氧系统、供气系统测量压力。HART 协议变送器中的信号包括序列号、量程、上下限值、单位、软件版本号、特征时间、变送器描述、写保护、报警状态、HART 地址、回路测试、调整零位、输出调整、输入调整等信息,通过上传、下载有关信息达到掌握、调整变送器状态和参数的目的。HART 协议变送器原理如图 6.2 所示。

HART 协议执行器(即气动调节阀)驱动气动执行机构使阀门达到给定值对应的

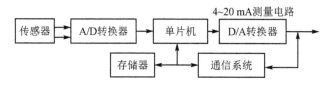

图 6.2　HART 协议变送器原理

位置,其工作原理是采用微处理器对给定值和位置反馈作比较,如果检测到偏差,就用一个五步开关程序来控制压电阀进而调节进入执行机构气室的空气流量,达到调节阀门位置的目的。HART 协议执行器采用两线制连接方式,完全从 4～20 mA 给定信号中获取电源,并同时传递调节阀的多项参数监控信息。

6.2　PA 总线协议变送器与执行器

PROFIBUS-PA 是一种国际化、开放式、不依赖于设备生产商的现场总线标准。PROFIBUS-PA 传送速度可在 9.6 kbit/s～12 Mbit/s 范围内选择且当总线系统启动时,所有连接到总线上的装置应该被设成相同的速度。PORFIBUS-PA 专为过程自动化设计,可使传感器和执行机构连在一根总线上,是一种用于监控和现场设备层数据通信与控制的现场总线技术,可实现现场设备层到车间级监控的分散式数字控制和现场通信网络,从而为实现综合自动化和现场设备智能化提供了可行的解决方案。PROFI-BUS 总线系统架构如图 6.3 所示。

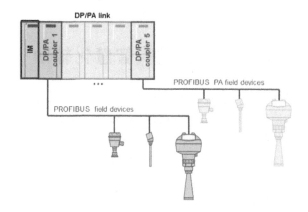

图 6.3　PROFIBUS 总线系统架构

PA 总线协议变送器、阀门定位器是基于 PROFIBUS-PA 现场总线协议、全数字化的智能化现场设备。PA 总线在整个系统中处于最底层,直接铺设在生产现场,串行连接位于生产过程监测最前沿的各类设备和仪表,如阀门定位器、压力变送器、温度变送器、液位计等,其上层是高速的 PROFIBUS-DP 总线。通过这样的双层总线结构,就可以完整实现数据的采集、传输以及对设备的控制和管理。PA 总线信号电压为 0.75～1 V,能够实现本安操作。网络拓扑结构为总线和树形结构,每网段最多可连接 32 个站(变送器、阀门定位器),当总线长度不够时最多可用 4 个中继器进行扩展。

PROFIBUS-PA 总线具有开放性、互换性、互操作、全数字双向通信等优点。多台设备由总线直接供电,不仅节约了 I/O 模块、电源箱、配电柜、供电线,与传统的 4～20 mA 仪表点对点连接方式相比,还节约了大量的电缆线、汇线槽、接线柜、端子箱等。此外,由于耦合器本身集成了隔离栅,因而不再需要传统的隔离栅/隔离电路。

在采用现场总线后,系统从现场得到的信息量增加了,而传输信息的电缆却大大减少了;部分信息直接在现场处理,减少了现场与控制机房之间的信息往返,可以说现场总线的本质就是信息处理的现场化。PA 总线系统是全数字化的,免去了 D/A 与 A/D 变换,高集成化、高性能使精度可以从 ±0.5% 提高到 ±0.1%。由于 PA 总线系统采用双向数字通信现场总线信号制,因此可以对现场设备(含变送器、阀门定位器等)进行远程诊断、维护和组态,这一优越性是传统模拟信号制系统无法比拟的。

考虑到一些危险场所的防爆要求,系统的压力、温度、液位、阀门定位器通过 PRO-FIBUS-PA 连接,现场 PA 总线经过 DP/PA 接口模块处理后与 PROFIBUS-DP 总线相连,最终再由 DP 总线连接至主 PLC。DP 与 PA 之间的转换是通过网络部件"DP/PA Coupler"和"DP/PA Link"来实现的,同时它们又可作为现场仪表的电源(现场仪表的馈电通过数据导线在易爆环境中使用),通过势垒(用于防爆)限制馈电电压。

智能总线技术的应用可减少现场电缆数量,其抗干扰能力强、满足防爆场所使用需求,它携带的信息量满足远程控制需求,从而解决现场监测、控制问题。智能化现场设备的使用为控制系统的实现提供技术支持。

6.3　实时监测、智慧化辅助

全系统智慧化管理和测控已经成为航天发射场的发展方向,系统整体的监测和智能化辅助系统的构建是控制技术当中重要的一环,是实现智能化、远程测控的必要条件。系统构建的硬件基础需要将测量和控制设备,以及核心控制系统的信息尽可能多地采集回控制系统。这就要求控制系统在规划构建的过程中要预留信息输入的点位和接口。

实现监测和智能化辅助系统的先决条件之一是监测和智能化辅助系统可以从被监控的系统获取足够量的信息。在控制系统设计的过程当中需要做许多这方面的工作。现场设备的选型要充分考虑选用智能化的现场变送器、控制器、执行机构等,这些智能设备除了基础职能实现必要的信息之外,同时将设备本身以及下属控制执行机构的信息集成起来,并具有上传 PLC 控制系统的能力。设备提供足量、必要的信息是故障诊断系统对设备进行有效判断的必要条件。

智能变送器可以通信组态和监测的参数也较多,如零点与量程设定、线性或平方根输出、阻尼、极限值、最小量程、工位号、描述、变送器安全、用户选定的报警输出、工程量数字输出等;总线式智能仪表在传输更多检测、控制信息的同时亦可获取总线设备自诊断信息。

智能阀门定位器可以监测、调整的参数达 20 多个,如阀门特性、行程限定或分程操作、最小脉冲和死区、行程累积、行程方向改变次数、报警计数、阀门定位时间、执行机构泄漏、压电阀运行循环次数等,且当调整时隐含有控制回路的概念。如果能准确理解和运用每一个参数、掌握每一步调整后的效果,则对智能阀门定位器在控制系统中的有效应用、掌握其运行效果和状态,进而提高系统的性能和可靠性大有益处。

在设计当中同样考虑到控制执行中间设备状态信息的采集,增加中间设备的状态信息作为 PLC 模板的输入点。比如,气动截止阀的控制输出需要通过继电器的转接,这样将继电器的一对触点作为继电器动作状态的信息监视采入 PLC 模板。

PLC 控制模板采用带有智能诊断功能的信号,本身可以为 PLC 控制器提供模板诊断信息并存储,同时可以为远程诊断系统提供足够的信息,为实时诊断和事后故障评估、系统故障归零提供依据。

除此之外,视频监视等辅助系统的支持也是系统不可或缺的部分,应当提供配置支持并将数据信息进入系统支持。

1. 实时故障诊断

自动控制系统的各子系统均应设计自诊断功能,即系统在工作的同时,其各部件的状态、技术数据将被 PLC 实时采集、检测,并通过光纤网上传至远距离的控制室的故障诊断子系统,进行故障分析、故障诊断及辅助决策;同时系统信息还可通过远程诊断适配器和网络传送至远程技术保障中心的远程诊断终端,对现场设备的软件和硬件系统进行在线远程监测、分析和诊断。远程诊断系统可远程监测系统状态及数据记录,动态跟踪程序运行捕捉故障点,进行程序远程维护,这对于故障应急处理、系统日常维护都非常有利,并由此形成前后结合的任务技术保障新机制。

2. 实时系统监控

实时监测就是在远端把各个系统的控制过程可视化,即通过动态工艺流程图、实时趋势曲线图、动态参数显示等手段,结合视频支持系统,将整个控制过程、设备状态形象地展示在操作人员和技术专家的面前,为专业技术指挥决策、技术人员远程保障提供前方各系统的系统级、设备级状态监控的信息。

3. 远程在线系统维护

远程在线维护系统通过专用网络,可以把远程维护终端连到现场控制网络上,进而连接到系统中的各个智能设备。

远程技术保障中心可以成为现场场区设备控制系统的远程监控和维护平台,控制系统的日常维护、状态分析等工作均可以在远程技术保障中心在线完成。

远程技术保障中心具有远程监控和分析平台、在线远程维护平台、控制系统网络调试平台、软件编程、调试平台的功能。

4. 系统管理信息化

随着智能化、信息化思想的普及,信息化在航天发射场系统中的地位更加突出,而信息化的真正落实离不开自动化。在航天发射场控制系统中,工业仪表与控制装置是系统控制自动化的基础和必备条件,对实现这些系统的自动化和信息化起着关键和决定性作用。系统管理要实现信息化,就要求控制系统提供足够多的、能够表示系统状态的信息,由于智能化仪表和执行器除了提供系统参数信息以外可同时提供设备本身的状态特性甚至自诊断功能,因此采用智能化现场设备是实现系统管理信息化的一条捷径。

智能化仪表和执行器是系统管理信息化的基础,管理软件则是信息化的核心。管理软件包括实时数据库、历史数据库、数据发布、数据挖掘、模型计算、运行优化、参数检测、偏差分析、系统及设备状态分析和故障预测分析等内容。管理软件按信息系统规则对实时数据进行处理和运用,其基本任务是将控制系统的实时数据归类存储、建立各种应用数据库,向下可以为控制软件提供智能的控制策略,向上可以为上一级系统管理软件提供有价值的数据。

第三部分
航天发射场自动控制设计管理

　　航天发射场自动控制系统在发射场系统中承担着重要的角色,自动控制系统的稳定可靠是航天任务顺利实施的基本保证。自动控制系统的关键性和重要性要求自动控制系统的设计过程必须遵循严格的过程管理和专业技术管理,这是航天发射场自动控制系统建设的基础保证。本部分从过程管理和专业技术管理两个层面分别进行阐述。

第7章 自动控制系统工程设计过程管理

自动控制系统工程设计流程可包含项目立项、设计策划、方案设计、初步设计、施工图设计、后期技术服务等过程阶段。自动控制系统工程设计研究工作流程如图7.1所示。

根据工作实际,对于同一个自动控制系统工程建设项目,可以针对其项目立项、设计策划、方案设计、初步设计、施工图设计,分别进行立项、策划,也可以统一立项,分阶段、分子项策划。

7.1 项目立项阶段

项目主管部门接收上级管理部门或建设单位有关自动控制工程设计研究工作需求,提出立项申请,逐级报批。当提出立项申请时,应对项目分级提出建议,描述提出方对项目功能、性能、质量、进度、造价及相关技术服务等方面的要求。

项目立项阶段由工程总师或项目经理根据顾客委托、政府机关批准该项目立项建设的有关文件、招标文件等技术资料,识别项目是否具备立项条件。立项阶段主要工作包含顾客要求评审、项目分级、申报计划、签订合同等关键项。

7.1.1 项目立项阶段的顾客要求评审

项目立项阶段的顾客要求评审由工程总师或项目经理组织相关专业研究室人员参加,评审内容包含项目的规划、方案及审批文件等是否齐备有效,设计委托任务书是否形成明确正式的文件,项目功能、规模、设计内容、完成时间等要求是否明确,设计单位是否具备满足顾客要求的资源和能力。对不明确的要求或当与法律法规、规范标准有冲突时与顾客进行沟通,填写项目立项申请报告单。项目立项申请报告单包含项目名称、项目代号、信息来源、项目概况、立项建议、审批意见等内容。

对于在实际操作中当立项时顾客尚未提供项目审批文件的,由工程总师协商相关设计专业室同意,并经设计单位计划、管理机关批准后,可提前开展设计工作,但应要求顾客在正式设计文件输出前补齐相关审批文件。

7.1.2 项目分级

为了便于加强重点项目的质量控制,根据工程勘察设计项目的重要性和关注度区分等级对项目进行分级。

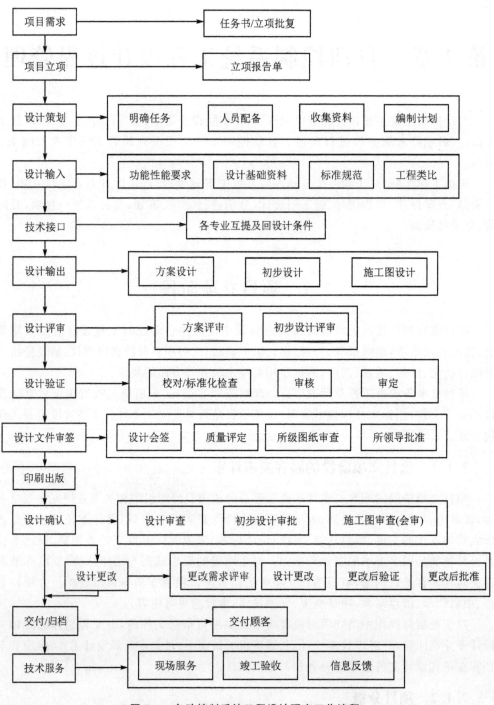

图 7.1　自动控制系统工程设计研究工作流程

项目通常分为重点项目和一般项目,有特殊要求的可设立专项工程项目。

重点项目包括重点应用项目和有较好的技术创新性、较好的社会效益与有特别要求的项目,以及其他对职能地位和社会声誉有重要影响的项目。

一般项目是指重点项目之外的项目。

7.2 设计策划阶段

设计策划阶段由工程总师或项目经理根据上级管理部门下达的设计任务、顾客提出的设计委托任务书或合同等,负责组织相关人员对项目进行策划。一般项目以每月的"勘察计划"或"设计任务下达通知单"的形式作为策划输出。重点项目须编制"工程项目设计策划书"。

策划内容包含控制计划、质量目标、人员配备、进度安排、特殊要求、文件交付等。

① 控制计划内容包括工程名称、规模、项目分级与进度安排,下发月设计计划或"设计任务下达通知单"。项目的设计阶段可分为方案设计、初步设计和施工图设计三个阶段,根据各项目的规模程度、进度要求可进行适度裁剪,当不需报初步设计时可跳过初步设计阶段。

② 质量目标根据项目等级、建设规模和建设内容确定,对于各级重点工程,一般应提出创优目标。对于质量目标的设定,重点项目须制定质量目标及创优措施,一般项目应达良好以上。通用质量保证措施主要包含科学制定项目进度计划,合理安排项目人员,严格落实工程设计研究各岗位工作职责和各节点质量控制要求,强化安全设计理念,贯彻生态节约要求,推行限额设计,明确主要专业的技术创优措施,严格落实设计文件管理要求,及时进行工程设计总结。

③ 人员由专业室按照岗位任职条件配备,包括专业负责人、设计人、校对人、审核人、审定人。其中,项目的设计人不应承担同一项目的校对、审核工作;同一项目的审核人、审定人不应由同一人担任。方案设计人若未承担设计岗位工作,则在满足任职资格的前提下可以担任校对、审核人。

④ 进度安排围绕工程设计研究各阶段关键节点和本项目需要采取的特殊过程展开,一般包括设计评审、设计验证、会签、设计交付等时间进度规划。为确保项目完成质量,针对工程设计研究各阶段工作特点,应安排相应的评审、验证、确认活动。

⑤ 特殊要求是指对资源的特殊需求,如是否安排外业设计、集中设计、技术外协等。

⑥ 文件交付主要包含交付规定及归档要求等。

7.3 方案设计阶段

方案设计阶段包含设计输入、设计评审、设计输出与交付、设计确认等节点。

1. 设计输入

设计输入的内容包含：

① 顾客提供的设计委托任务书及中标方案。

② 主管部门审批和指导意见、顾客对投标方案的确认意见和补充要求，以及顾客提供的设计基础资料。

③ 现场踏勘记录。

④ 应遵循的法律、法规、规范、规程、标准、技术措施等分析。

⑤ 国内外类似工程设计资料和信息。

⑥ 规划、绿化、交通、消防、人防、抗震、环保、节能等技术要求。

⑦ 设计单位内外专家对项目的指导意见、相关专业意见和工程设计必需的其他要求。

⑧ 工艺专业的技术要求。

设计输入由工程总师或项目经理组织各专业负责人进行评审。重点项目应进行专业和综合两级设计输入评审，一般项目可只进行综合设计输入评审。当项目的功能、性能和技术要求不够明确或顾客提供的基础资料不够适用时，应与顾客沟通完善。当突破规范、标准时，由专业负责人申请，工程总师或项目经理负责组织专家进行评审与认可。当拟采用新工艺、新材料、新技术时，应将有关鉴定、证明材料备案。

2. 设计评审

设计评审分为专业评审和综合评审。

① 专业评审由研究室组织，工程总师或项目经理视情参加，主审人为项目审定人，填写"设计评审记录表（专业）"。

② 综合评审一般以会议评审形式进行，在设计院内部范围进行评审，填写"设计评审记录表（综合）"，发送相关室和相关人员。当项目类型为重点项目以及国家的大型重点项目时采用外部评审形式，在汇报前应申请先邀请国内知名专家进行评审，填写"设计评审记录表（综合）"，发送相关室和相关人员。

③ 设计评审的内容主要考核：(a) 设计方案是否满足设计委托任务书（或合同）的要求及上级主管部门的批复和城建、环保、节能的要求；(b) 主要技术经济及使用功能、工艺流程；(c) 新技术、新设备、新材料的应用，技术难点的解决方案，综合效益的提高幅度；(d) 是否符合设计输出文件深度要求；(e) 其他需要评审的问题。

3. 设计输出与交付

设计输出与交付应满足的要求：

① 符合上级管理机关批复的规划要求,符合政府规划管理部门发出的规划意见书(条件)的要求。

② 符合规定的设计文件编制深度的要求。

③ 符合规划、环保、消防、人防、节能、抗震等规定要求。

④ 方案设计输出应按相关技术文件审签规定要求签署。

⑤ 需要由上级机关批复的设计方案根据需要提供方案设计图或上报文件。

⑥ 当将方案设计文件交付顾客时,在"文件交付、提交记录单"上登记签收。

4. 设计确认

当交付方案设计文件时,工程总师或项目经理应填写"设计确认记录单",请顾客填写确认意见并签章或以电话形式确认。在项目完成后由工程总师或项目经理归档。

7.4　初步设计阶段

初步设计阶段从方案转阶段开始,至取得初步设计确认文件为止。一般包括提条、方案配合、土中、互提、回条、校审、会签等工作,分为设计输入、设计评审、设计接口、设计验证以及设计输出与交付、设计确认等节点。

1. 设计输入

设计输入的记录和评审要求与方案设计阶段的要求相同。考虑到顾客提供设计基础资料滞后的情况,当初步设计阶段开始时,若顾客尚未提供充分的资料,则工程总师或项目经理和各专业负责人可根据以前类似的设计项目资料或顾客提供资料的记录,提出设计输入的预测资料,经评审作为该阶段设计输入的内容之一,在出图前根据顾客最终提供并经验证的正式设计资料进行核实修改。

2. 设计评审

对于在方案设计阶段已完成设计评审的项目,若无重大方案修改,则在初步设计阶段可不再评审。对于未安排方案设计阶段的项目,应在初步设计阶段完成评审。

设计项目的各专业负责人或设计人应在初步设计过程中选择适当的时机向本专业评审人提出评审要求。重点项目先进行专业评审,后进行综合评审;一般项目可只做专业评审。

评审的组织和记录与方案设计阶段的评审要求相同。

评审内容主要包括:

① 是否满足建设单位及上级有关部门的意见与要求,以及规划、环保、节能、消防和工业安全卫生措施要求。

② 是否符合有关法律、法规、规范、标准与相关技术措施,以及合理性、安全性和经济性要求。

③ 项目的外部条件(包括水、暖、电、气等市政接口条件)及其他设施等的落实

情况。

④ 项目对前期方案的调整修改及投资变化情况等。

⑤ 设计人员或工程总师或项目经理提出并认为必须报审的情况。

3. 设计接口

设计接口主要为内部接口,包括提条、土中、互提与回条、会签。

① 提条:主导专业设计人适时提出工艺条件,经专业负责人、校对人、审核人、审定人和工程设计负责人审签后,发相关专业设计人。

② 土中:建筑专业设计人编制形成中间图,经专业负责人、校对人、审核人、审定人审签后,发相关专业设计人。

③ 互提与回条:由各专业设计人提出并接收,当提出方和接收方意见不一致时,由专业室主任组织协调。

④ 会签:由工程设计负责人组织各专业设计人参加,并填写会签记录单。

4. 设计验证以及设计输出与交付

设计验证手段为校对、审核、审定。对于验证意见的处理过程,要求设计人和专业负责人应对验证意见逐条做出处理,并记录处理结果。当意见分歧时一般应服从审定意见,重大分歧应通过专业专家组裁定。质量等级评定:填写"专业质量等级评定表"和"综合质量等级评定表",重点项目做院级审查。

设计输出的内容及签署要求:

① 初步设计文件内容应符合设计院内部各专业设计输出文件内容和深度要求。

② 初步设计图纸和说明经专业室主任签署批准后,由主导专业设计人汇总并编制设计;概算书交专业室主任签署批准。

③ 工程总师或项目经理应对汇总后的初步设计图纸、说明和概算书进行质量检查,并在初步设计封面和概算书封面签字。

④ 初步设计文件和概算书由工程总师或项目经理报总工程师、设计院长批准。

初步设计文件由工程总师或项目经理负责交付登记,由顾客签收。初步设计文件包括初步设计说明、图纸及概算书。

5. 设计确认

设计确认方式包括上级主管部门或规划管理部门的审查确认,顾客通过电话、来函、来文或传真等方式进行确认。

设计确认内容为全部初步设计文件,包括初步设计说明、图纸及概算书等。

设计确认的其他要求:工程总师或项目经理负责根据设计确认情况填写"设计确认记录单"并归档。

初步设计经确认后方可进入施工图设计,在确认过程中如有重大修改,应按程序重新评审、确认。

7.5 施工图设计阶段

施工图设计阶段包含设计输入、设计评审、设计接口与设计验证、设计输出、设计确认与交付等节点。

1．设计输入

设计输入包含：

① 初步设计输出文件。

② 顾客对初步设计的确认意见和补充要求。

③ 各专业之间的技术需求资料。

④ 初步设计阶段设计输入内容的补充和更改。

⑤ 如果初步设计是顾客提供的，则需要顾客提供的设计文件以及设计院内部对该初步设计的评审意见。

设计输入的记录和评审要求与方案设计阶段的要求相同。当施工图设计阶段开始时，若顾客尚未提供充分的资料，则可根据以前类似的设计项目资料或顾客提供资料的记录，提出设计输入的预测资料，进行后续工作，在出图前根据顾客最终提供并经验证的正式设计资料进行核实修改。

2．设计评审

对于在初步设计阶段已完成设计评审的项目，若无重大方案修改，则在施工图设计阶段可不再评审。对于未安排初步设计阶段的项目，应在施工图设计阶段完成评审。

设计评审的内容与要求参照初步设计评审的内容与要求。

3．设计接口与设计验证

设计接口与设计验证的内容与要求参照初步设计接口与设计验证的内容与要求。

4．设计输出

（1）设计输出的签署要求

① 施工图设计文件应由各专业审定人进行专业质量等级评定，由工程总师或项目经理进行项目综合质量等级评定。

② 施工图经专业室主任签署批准后，由主导专业设计人汇总并编制设计。

③ 工程总师或项目经理应对汇总后的施工图设计文件进行质量检查，并在设计封面签字。

④ 施工图设计文件由工程总师或项目经理报总工程师、设计院长批准签字。

⑤ 对于只进行施工图设计阶段的项目，需完成设计概算，其签署参照初步设计概算书的要求。

（2）设计输出的内容与质量要求

① 设计输出文件包括施工图、设计说明、工程计算书等，输出文件的封面、目录、图幅、图签、输出比例和编排顺序等均应符合制图标准的规定。

② 应符合设计任务书及设计合同的要求。

③ 应满足设计输入的要求。

④ 应有各专业以及综合设计质量等级评定。

⑤ 应符合规定的专业设计输出文件内容和深度的要求。

⑥ 根据项目特点和有关要求，设计文件中可能包括：（a）关键件（特性）、重要件（特性）项目明细表，并在设计文件和工艺文件中做相应标识；（b）规定工程投入使用必需的保障方案和保障资源要求，当需要时说明设备运行维护操作办法、设备保养要求等；（c）给出可靠性、维修性、保障性、测试性、安全性、环境适应性等设计报告。

5. 设计确认与交付

确认方式：根据顾客要求进行的设计审查，政府职能部门或上级主管部门开展的施工图审查，顾客组织的施工图会审（设计交底）活动。

确认内容：执行国家有关规定。

其他要求：工程总师或项目经理负责根据设计确认情况填写设计确认记录单，审查意见书和处理意见并归档。

（1）施工图交付条件

① 项目已签订合同。

② 设计文件符合设计输出的要求，签字签章齐备。

③ 必备的审批或许可手续齐全（包括任务批准文件、规划批复或建设工程规划许可证等）。

（2）成品标识

① 图纸封面：工程总师或项目经理、总工程师、设计院长签字，按规定盖注册章，归档的施工图加盖归档章、交付的施工图加盖出图章。

② 图纸及概算书：设计人或编制人、校对人、审核人、审定人、专业负责人、专业室主任签字，图签内容完整，按规定加盖注册章、出图章。

（3）交付文件形式

工程总师或项目经理负责交付文件，并在文件交付、提交记录单中登记。

① 纸介质文件：蓝图等。

② 电子文件：一般不提供 CAD 图形文件，如有特殊要求，可另协商，确需提供的需签免责声明。

设计归档主要包括：

① 归档内容包括设计文件、质量记录、文字资料。

② 设计文件归档包括底图、蓝图、电子文件归档。

③ 质量记录归档包括原件归档、电子文件归档。

④ 文字资料归档包括原件归档、电子文件归档。

归档时限从底图归档算起,整个归档周期不应超过三个月。当项目需要分期交付出图时,在最后一期图纸归档后的三个月内应完成所有文件的归档。当设计阶段较多、周期较长时,应分阶段办理归档手续。

7.6 后期技术服务

后期技术服务主要包含技术交底、现场配合、工程验收、工程回访、设计更改、资料归档等工作。

① 技术交底:填写施工图交底记录单。

② 现场配合:包括阶段性服务、驻现场服务。

③ 工程验收:包含阶段验收、竣工验收。

④ 工程回访:填写工程回访报告表。

⑤ 设计更改:当设计产品有较大更改、需替换部分已归档并交付的图纸或增补部分图纸时,应将更改图纸归档,更新图纸目录,填写设计修改通知单并标识,当归档时档案管理人员应在原档封面和目录中加以标识。

⑥ 资料归档:对于由顾客或施工单位提出的对施工工艺或方法的补充说明、细微图面错误的订正、微小的设计更改,可只填写工程洽商记录。工程洽商记录一般由顾客或施工单位提出,由专业负责人签署,报工程总师或项目经理备案。

7.7 EPC 项目管理

前述从设计院工程设计工作的角度,对自动控制项目设计管理约束和要求进行归结。对于 EPC 项目,设计是其中的一个关键阶段,同时并行、串行的还包括订货、加工制造、现场施工调试等阶段。这里不再对具体的管理要求进行深入的探讨,只对 EPC 项目管理流程进行简要的介绍。如图 7.2 所示为典型自动控制 EPC 项目实施总流程。

7.8 自动控制设计项目过程管理应用范例

以一项控制系统的设计为例,按照项目管理要求,结合自动控制专业特点,根据项目实际需要,对管理要求进行适体裁剪,选取过程管理中专业特点较为明显、不可缺省的管理过程,以存档管理文件的形式,体现过程管理的内容。项目管理文件清单如表 7.1 所列,控制系统设计存档文件见附录 A～附录 O。

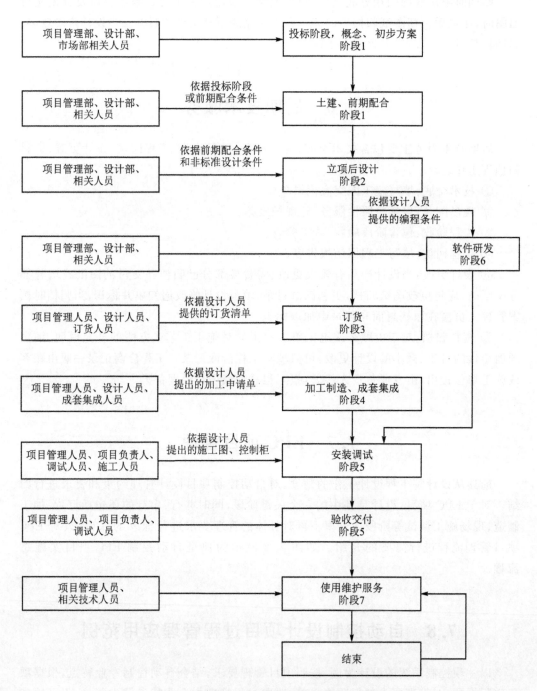

图 7.2 典型自动控制 EPC 项目实施总流程

EPC 项目的设计阶段更具有工程结合的特点,主要工作流程如图 7.3 所示。

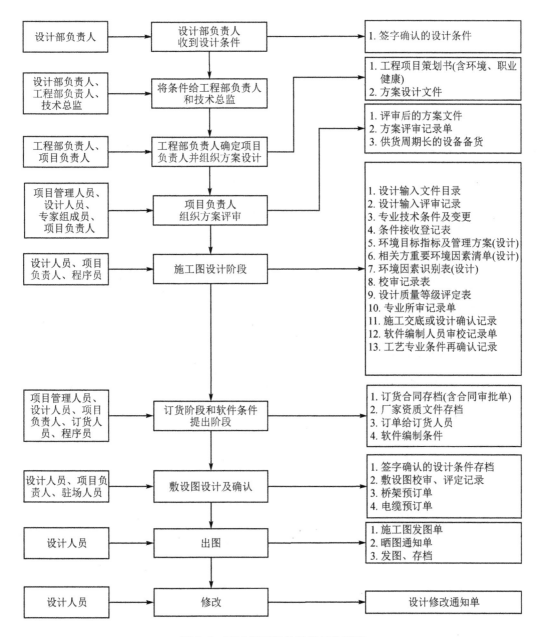

图 7.3 EPC 项目设计阶段工作流程

表 7.1 项目管理文件清单

序 号	××工程××控制系统	标 识	备 注
1	工程设计工作计划		项目管理部
2	工程项目设计策划书(自动控制专业)		
3	接收工艺、设备、暖通等各专业设计条件登记表及设计技术条件 自动控制专业向其他专业所提条件的设计条件登记表及设计技术条件		
4	设计输入文件目录及设计评审记录表(自动控制专业)		
5	设计输入评审记录表(含设计方案、初步设计等)		
6	工程设计产品环境因素识别表、评价表,重要环境因素清单		
7	自动控制专业设计输出文件校审记录表		
8	自动控制专业设计质量等级评定表		
9	自动控制专业院审记录单		
10	施工图交底记录单		
11	技术交底会议记录		
12	设计确认记录表		
13	工程设计修改通知单		
14	设计项目完成报告单		
15	设计图纸、电子文档(自动控制专业)		

第8章 自动控制专业设计
输出文件内容和深度

为保证设计文件的质量,自动控制专业工程设计各阶段设计输出文件的内容和设计深度均应遵循相应的要求。本章从设计过程中初步设计、施工图设计两个重要阶段对自动控制专业设计输出文件内容和深度的要求进行说明。

8.1 初步设计(方案设计)

初步设计输出文件关键要素包含设计说明书和设计图纸。

1. 设计说明书

设计说明书应包含设计依据、设计范围、系统设计等要素。

① 初步设计的设计依据遵从:

* 建设单位提出的委托任务书(合同)、技术要求及经济指标;
* 专业设计规范、标准及顾客提出的特殊要求;
* 工艺、设备专业设计条件和其他专业提供的本工程设计资料等;
* 当共同设计时,与其他单位的分工接口文件等。

② 设计范围要表述的内容为根据设计依据说明本专业设计内容。

③ 系统设计应包含如下要素:

* 根据工艺要求,选择控制方式;
* 描述系统组成、受控对象、检测信号、网络结构、系统功能等;
* 对控制系统通用性要求进行相应的满足性分析;
* 明确主要设备选型原则,对检测和调节系统采取的措施,精度要求和环境条件;
* 线路敷设方式(竖井、电缆沟、明敷或暗敷)及线路类别(交流、直流,电压等级,防爆种类等);
* 计算各类用电设备的负荷,提出对供配电的要求;根据设备分布特点,提出预留孔洞要求;根据网络分布特点,提出预留光缆及接口要求;
* 需提请当设计审批时解决或确定的主要问题。

2. 设计图纸

初步设计阶段的设计图纸包含控制系统图、控制系统主要设备布置图、主要设备及材料表等要素。

控制系统图要描述系统组成、网络结构、控制方式、工作原理等。

控制系统主要设备布置图主要表达和描述控制台、柜、箱和检测元件、执行器等现场设备的位置、电缆走向及敷设方式。

主要设备及材料表按子项开列并注明主要设备及材料名称、规格及型号、单位和数量。

8.2 施工图设计

自动控制设计施工图纸应包含图纸目录、设计及施工说明、控制系统图、控制原理图、电缆联系图、敷设图、主要设备及材料表等要素。

① 图纸目录(设计组成)先列新绘制图纸,后列采用的图纸。

② 设计及施工说明应包含设计依据、设计范围、系统设计(系统组成、系统功能、网络结构、控制方式、特殊受控对象及相应的控制模式、关键技术及试验要求、操作使用)、对成套厂家二次设计及加工要求、施工技术要求(加工制造、设备安装、线路敷设、系统调试、验收)、图例。当有总说明时,在各子项图纸中加以附注说明;当子项工程先后出图时,分别在各子项首页或第一张图面上写出设计说明及图例。

当对初步设计(方案设计)有修改或变更时需要进行修改或变更原因说明。根据不同工程项目要求,对控制系统可靠性、安全性、维修性、保障性、测试性和环境适应性进行相应的满足性分析及说明。

③ 控制系统图详细描述系统组成、网络结构、控制方式等。

④ 控制原理图要表达控制台、柜、箱内部各元器件之间的控制逻辑、列出设备材料表。

⑤ 电缆联系图用以表达各台、柜、箱与受控对象间的电缆联系,包括各电缆编号、型号、走向、管线桥架等。

⑥ 敷设图要标明各控制台、柜、箱和受控对象间的桥架与管路走向及规格、敷设方法。

⑦ 主要设备及材料表包含设备和材料的代号、名称、规格及型号、单位、数量、备注(其他需要说明的内容)等。

8.3 设计条件

设计工作各阶段的设计条件的提出和交互是设计工作的重要依据。

1. 共享条件图

共享条件图是工程设计的中间产品,专业之间互为顾客关系,以实用和提高工作效率为目的。通常共享条件图不用于存档,各专业之间图纸的认可以图纸会签为准。

为了保证各专业的设计图都是基于统一的、最新的条件,特规定下列图纸为强制性共享条件图:

- 建筑平面、剖面条件图;
- 设备布置条件图,包括工艺设备布置图、暖通设备布置图、热工设备布置图、给排水设备布置图、通信设备布置图、自控设备布置图;
- 总平面布置图;
- 综合管网布置图。

为了减少重复劳动,提高工作效率,条件图采用本专业相关的正式图纸。但是,为了使采用专业能够有选择地关闭无关信息在其图中的显示,用于共享条件图的设计图纸的某些信息应在各自定义的图层中绘制。其中,设备布置图包括:设备布置、尺寸标注、设备位号、设备名称、说明。

2. 设计条件提出

(1) 互提与回条的提出和接收程序

设计人按《各专业设计输出文件内容和深度规定》编制设计条件,并对它进行自检和签署。

设计人将设计条件及相应的设计输入提交审定人审查。在通过后,专业负责人对设计条件予以签署。

互提及回条设计条件均由专业负责人按计划节点向有关专业发出,接收专业的设计人在专业负责人指导下核实签收。

设计条件的提出与接收方应以适当方式相互确认。

由各专业负责人责成设计人对本专业提出和接收的设计条件进行管理、保存,必要时予以建档。

各专业接收的设计条件应保留至项目竣工并投入使用两年后方可销毁。

(2) 给总体工艺专业提供的设计条件内容

在初步设计阶段给总体工艺专业提出各设备专业需要的房间尺寸及相关技术要求。

在施工图设计阶段给总体工艺专业提出各设备专业的补充条件图。

(3) 给总图专业提供的设计条件内容

在初步设计阶段给总图专业提出各设备专业所需的用地、布局要求及室外管线布置图,当必要时应明确高程关系。

在施工图设计阶段给总图专业提出各设备专业的室外管线图、管沟图,当必要时应明确高程关系。

(4) 给土建专业提供的设计条件内容

在初步设计阶段给土建专业提出各设备专业的建筑或房间尺寸、设备布置及设计技术要求。

在施工图设计阶段给土建专业提出各设备或预留孔洞的位置、大小、标高及用房的设计技术条件、设备基础的技术要求。

(5) 给电气专业提供的设计条件内容

在初步设计阶段给电气专业提出动力、照明、避雷、接地及自动控制设计技术条件。

在施工图设计阶段给电气专业提出用电设备信号装置地点条件图、设备供电及控制要求。

(6) 给暖通专业提供的设计条件内容

在初步设计阶段给暖通专业提出房间采暖、通风、空调和净化设计技术条件,发热设备温度,工作人员数量。

在施工图设计阶段给暖通专业提出要求采暖、通风的电气用房布置图,设备表和设备效率、容量、备用系数。

(7) 给通信专业提供的设计条件内容

在初步设计阶段给通信专业提出通信、光缆等需求条件。

在施工图设计阶段给通信专业提出通信、光缆等需求条件。

第9章 自动控制专业图纸 标准化设计要求

自动控制专业图纸设计工作遵循统一设计要求,以达到统一的图面表达及项目设计要求,包括统一设计组成、元器件库、图层分布、图面布局、表达方式、设备选型、设计深度等。

自动控制专业图纸绘制的基本要求主要是通用性和易读性两个方面。

1. 通用性

不论是什么类型的控制图,也不论它们应用于什么地方,都必须遵循共同的原则,这就是所谓的通用性。由于表达形式、特性和用途不同,控制图分为很多种类。这些图的绘制虽然有各自的规则,但有一些规则是共同的,如图形符号的选择和应用、连接线的画法,参照代号、端子代号和信号代号的标注等信息。另外,控制图作为一种技术图,和其他技术图在绘制规则上也有一些相同之处,如图纸的尺寸、幅面和格式、图线、字体、页面的布局、比例等。因此,在控制技术文件标准中,首先制订表达信息的规则,目的是使这些共同性的制图规则标准化,同时避免标准之间内容重复,使整个控制技术文件标准的文字更加简明扼要。

2. 易读性

在项目预定的应用条件下,当把信息表达传递给用户时,用户容易理解,这就是所谓的易读性。为了使绘制的图纸易读,在绘制过程当中需要把握4点:注意采用的表达形式以及多种表达形式的组合;当需要分成不同页面时如何表达才能达到可读和易读;使用简化的技术;使用静态或动态的表达形式等。

9.1 自动控制设计图纸组成

自动控制设计图纸应包含封面(初步设计或施工图)、设计组成、设计说明、控制系统图、控制网络系统图、控制台(柜、箱)控制原理图、控制台(柜、箱)端子接线图、控制台(柜、箱)外形尺寸及柜内设备布置图、控制台(柜、箱)材料表、电缆联系图、线路敷设图、电缆表、自控系统主要设备及材料表等。其中,控制台、柜必须由原理图、端子接线图、外形尺寸及柜内设备布置图、材料表四部分组成,控制箱、转接箱等可根据图面充满情况将几部分合并。设计图纸根据系统的规模可以适度裁剪,应保留基本要素,图9.1为一项设计图纸的设计组成示例。

设计组成						
工程代号 XX工程			项目名称 XX控制系统			
设计图号 WXSCS-V1.0-2020/2		密别	设计张号	采用图纸		备注
序号	图纸名称			图号	张号	
1	封面及设计组成	内部	WXSCS-V1.0-2020/1~2			共2张
2	设计说明	内部	1,1A1~2			共3张
3	系统概略图	内部	2			
4	接地系统图	内部	3			
5	系统网络图	内部	4			
6	KZTG控制台柜电源原理图	内部	5			
7	KZTG控制台柜PLC原理图	内部	6			
8	KZTG控制台柜材料表	内部	7			
9	KZTG控制台柜端子接线及外线	内部	8			
10	KZTG控制台柜元器件布置图	内部	9			
11	AC控制柜电源原理图	内部	10			
12	AC控制柜PLC原理图 1	内部	11			
13	AC控制柜PLC原理图 2	内部	12			
14	AC控制柜调速设备原理图	内部	13			
15	AC控制柜定速设备原理图	内部	14			
16	AC控制柜材料表	内部	15			
17	AC控制柜端子接线及外线	内部	16			
18	AC控制柜元器件布置图	内部	17			
19	AC控制柜元器件布置图	内部	18			
20	AC控制柜元器件布置图	内部	19			
21	EAR维修转接箱布置图	内部	20			
22						
23						
24						
25						
26						
27						
28						

图 9.1　设计组成示例

9.2　图纸设计信息规定

1. 文件名

文件名包括电子文件名和图纸文件名,应便于调用、存档、区分专业。其中电子文件名分为过程文件名和存档文件名。

过程文件名按"工程代号-建筑代号-专业简称-版号-设计阶段简称.dwg"的规则命名。存档文件名在过程文件名的专业简称后增加"-完成时间"。无版号变更的,版号可缺省。

图纸文件名(即图签中的图名)应简明扼要,能反映本图号图纸的主要内容,可按专业习惯编写。

工程图纸电子文件名在设计过程中由设计人员设置,建议路径为:工程代号/项目名称/专业简称/DWG/文件名。

条件图纸由各项目主导专业分组群发至相关专业设计人员,在设计过程中保存路径建议为:工程代号/项目名称/条件图/专业简称/DWG/文件名。

成品文件是指用于归档的电子文件和图纸文件,图纸文件为经会签、所审后的文件。对图纸校审中手动修改的内容必须在电子文件中全面准确地反映,存档电子文件与底图库存档图纸的内容必须一致。

2. 字体与规格

(1) 字 体

图样及说明中的汉字宜采用长仿宋或黑体。大标题、图册封面等的汉字由各工程统一规定,可用其他字体,但应易于辨认。

除非工程或专业另有规定,否则工程图纸中的说明、尺寸标注、文字标注等建议采用下列字体:

一般性:

西文:txt. shx、tssdeng 或 windows 字体。

中文:hztxt. shx 或 windows 字体。

强调性:

西文:txt. shx 或 windows 字体。

中文:hzdx. shx、hztxt. shx 或 windows 字体。

除特殊情况外,同一工程项目图纸常用汉字字体使用应控制在两种以内。字体不得使用空心字。

(2) 规 格

推荐的字高(实际高):2.5、3.5、5、7、10 mm;如需更大的字按 $\sqrt{2}$ 倍的比值递增。

通常汉字的字高应不小于 3.5 mm,字母、阿拉伯数字或罗马数字的字高应不小于 2.5 mm。

推荐宽度因子:1 和 0.75。

9.3 元器件的图形符号

当运用图形符号绘制控制系统图中的元器件时应注意:

① 符号尺寸大小、线条粗细依国家标准可放大与缩小,但在同一张图样中,同一符号的尺寸应保持一致,各符号间及符号本身比例应保持不变。

② 对于标准中示出的符号方位,在不改变符号含义的前提下,可根据图纸的需要旋转或成镜像位置绘制,但文字和指示方向不得倒置。

③ 大多数符号都可以附加上补充说明标记。

④ 有些具体器件的符号由设计者根据国家标准的符号要素、一般符号和限定符号组合而成。

⑤ 国家标准未规定的图形符号可根据实际需要,按突出特征、结构简单、便于识别的原则进行设计。当采用其他来源的符号或代号时,必须在图解和文件上说明其含义。

常用元器件的图形符号(库)如图 9.2 所示。

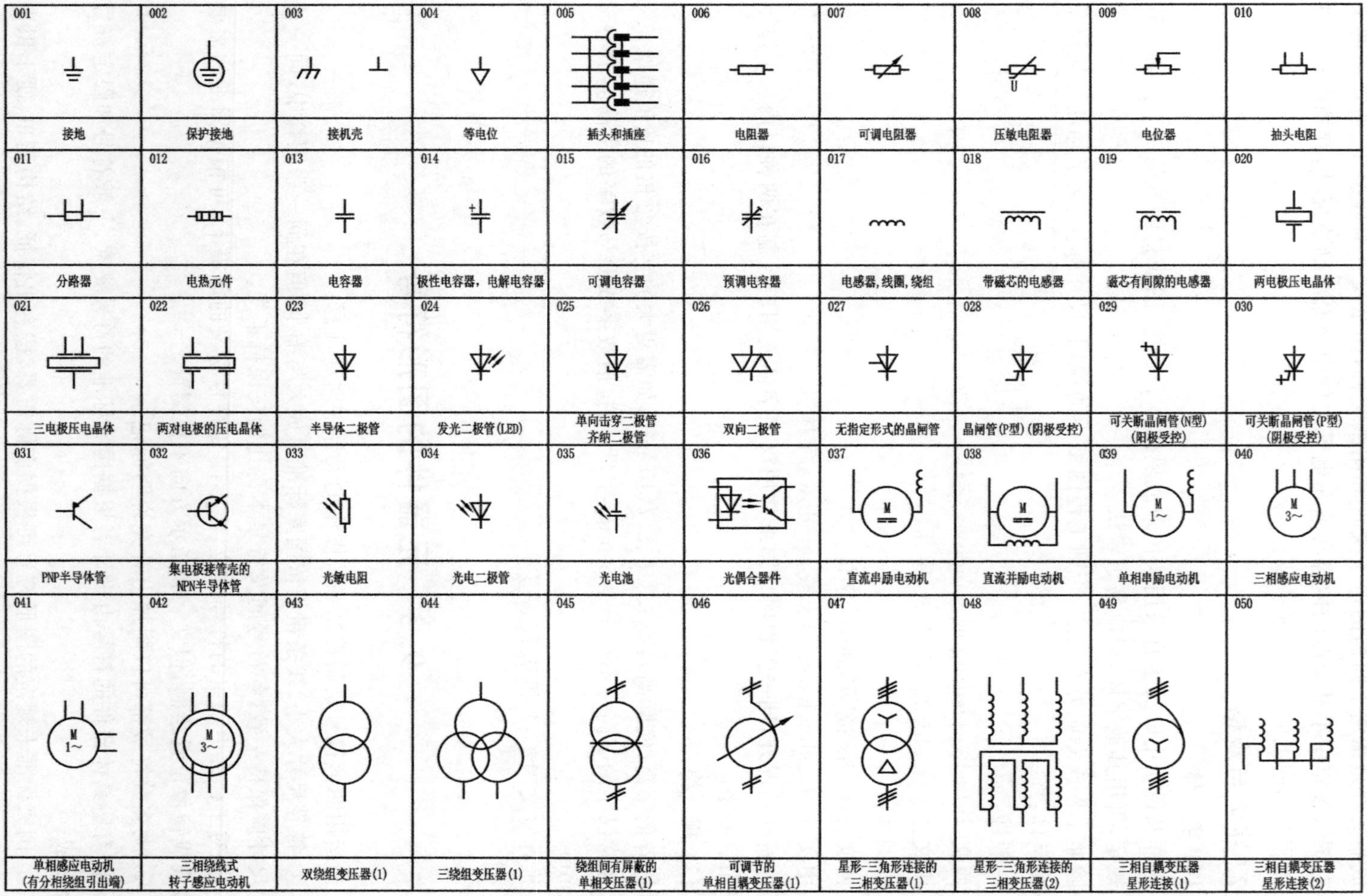

编号	名称
001	接地
002	保护接地
003	接机壳
004	等电位
005	插头和插座
006	电阻器
007	可调电阻器
008	压敏电阻器
009	电位器
010	抽头电阻
011	三电极压电晶体
012	两对电极的压电晶体
013	电容器
014	极性电容器、电解电容器
015	可调电容器
016	预调电容器
017	电感器、绕圈、绕组
018	带磁芯的电感器
019	磁芯有间隙的电感器
020	两电极压电晶体
021	分路器
022	两对电极的压电晶体
023	半导体二极管
024	发光二极管(LED)
025	单向击穿二极管、齐纳二极管
026	双向二极管
027	无指定形式的晶闸管
028	晶闸管(P型)(阴极受控)
029	可关断晶闸管(N型)(阴极受控)
030	可关断晶闸管(P型)(阴极受控)
031	PNP半导体管
032	集电极接衬底的NPN半导体管
033	光敏二极管
034	光电二极管
035	光电池
036	光耦合器件
037	直流并励电动机
038	直流串励电动机
039	单相串励电动机
040	三相感应电动机
041	单相感应电动机(有分相绕组引出端)
042	三相绕线式转子感应电动机
043	双绕组变压器(1)
044	三绕组变压器(1)
045	绕组间有屏蔽的单相变压器
046	可调节的单相自耦变压器
047	星形-三角形连接的三相变压器(1)
048	星形-三角形连接的三相变压器(2)
049	三相自耦变压器(1) 星形连接(1)
050	三相自耦变压器(2) 星形连接(2)

图9.2 常用元器件的图形符号(库)

图9.2 常用元器件的图形符号(库)(续)

编号	名称
051	双绕组变压器(2)
052	电压互感器(2)
053	双绕组变压器(3)
054	三绕组变压器(2)
055	绕组间有屏蔽的单相变压器(2)
056	可调节的单相自耦变压器(2)
057	电抗器
058	电流互感器(1)
059	电流互感器(2)
060	电压互感器(1)
061	电压互感器(2)
062	直流/直流变换器
063	整流器
064	自耦变压器
065	绕组间有屏蔽的单相变压器(2)
066	可调节的单相自耦变压器(2)
067	电抗器
068	电能发生器一般符号
069	耐环控制器
070	动合触点
071	动断触点
072	直流/直流变换器
073	整流器
074	桥式全波滤波器
075	逆变器
076	整流器/逆变器
077	电池
078	电能发生器一般符号
079	耐环控制器
080	动断触点
081	延时闭合且延时断开的动合触点
082	触点组(瞬时动合+延时触点)
083	中间断开的双向转换触点
084	有自动返回的动合触点
085	无自动返回的动合触点
086	有自动返回的动断触点
087	操作器吸合时有延时断开的动合触点
088	操作器吸合时有延时断开的动断触点
089	操作器释放时有延时断开的动断触点
090	操作器释放时有延时闭合的动合触点
091	位置开关——双向机械操作能正反向操作的双位置开关
092	触点组(瞬时动合+延时触点)
093	手动操作开关
094	自动复位的按钮开关
095	自动复位的拉拔开关
096	无自动复位的旋转开关
097	具有正向操作的拉钮开关
098	正向操作且有保持功能的紧急操作开关
099	位置开关，动合触点
100	位置开关，动断触点
101	位置开关——双向机械操作
102	接触器主动合触点
103	热敏开关——动合触点
104	热敏开关——动合触点
105	热敏自动开关(非热继电器触点)
106	热继电器触点(动断)
107	钮能操作的具有动合触点的开关
108	单向用的气动或液压操作的开关
109	液位控制的具有动合触点的开关
110	发光灯起动器
—	接触器主动合触点
—	接触器主动断触点
—	断路器
—	隔离开关
—	负荷开关
—	有中间断开位置的双向隔离开关
—	电动机起动器一般符号
—	星-三角起动器
—	调节-起动器
—	步进起动器

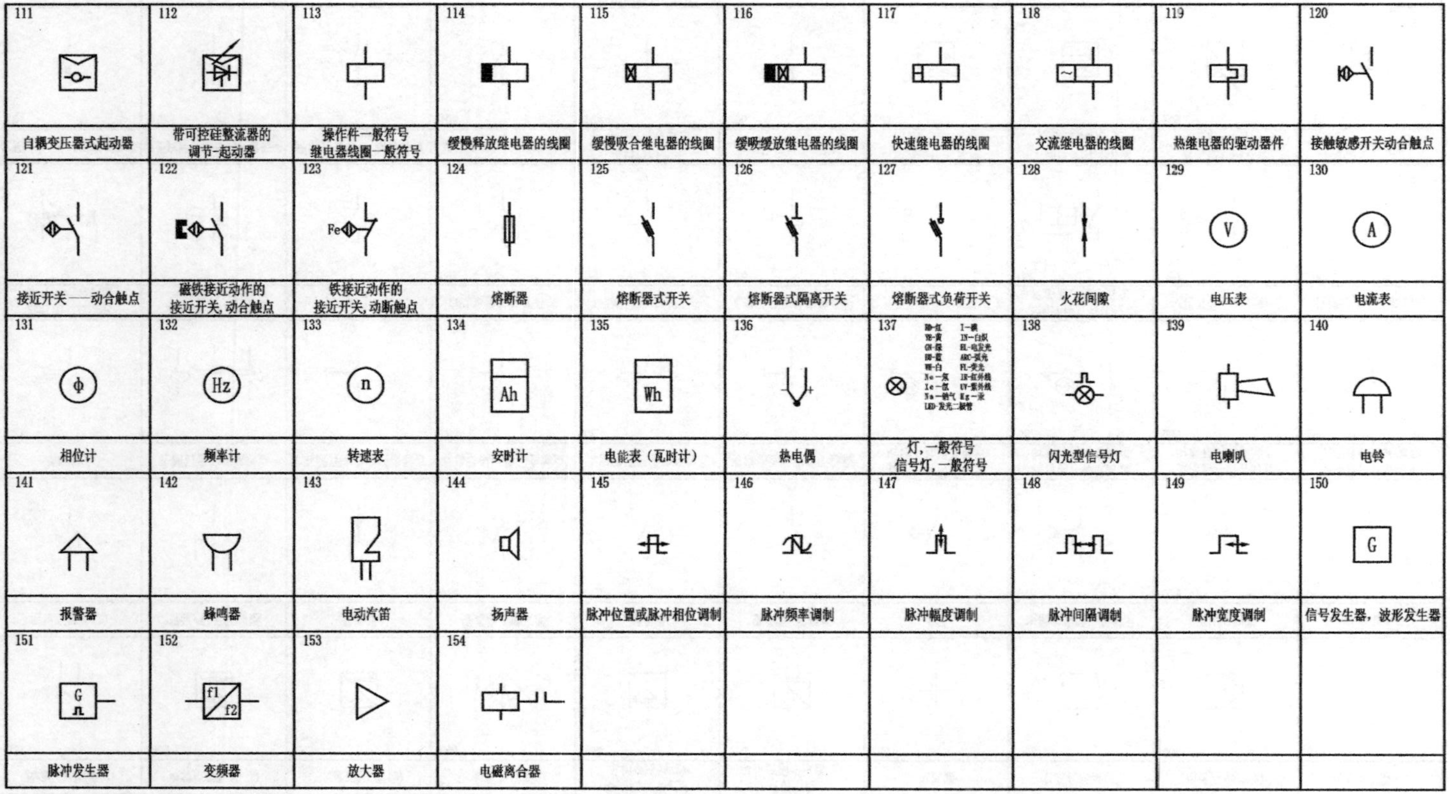

编号	名称
111	自耦变压器式起动器
112	带可控硅整流器的调节—起动器
113	操作件一般符号　继电器线圈一般符号
114	缓慢释放继电器的线圈
115	缓慢吸合继电器的线圈
116	缓慢吸合和释放继电器的线圈
117	快速继电器的线圈
118	交流继电器的线圈
119	热继电器的驱动器件
120	接触敏感开关动合触点
121	接近开关—动合触点
122	调节—起动器
123	铁接近动作的接近开关动合触点
124	磁接近动作的接近开关动合触点
125	熔断器
126	熔断器式开关
127	熔断器式隔离开关
128	熔断器式负荷开关
129	电压表
130	电流表
131	相位计
132	频率计
133	转速表
134	安时计
135	电能表（瓦时计）
136	热电偶
137	灯，一般符号　信号灯，一般符号
138	闪光型信号灯
139	电喇叭
140	电铃
141	报警器
142	蜂鸣器
143	电动汽笛
144	扬声器
145	脉冲位置或脉冲相位调制
146	脉冲频率调制
147	脉冲幅度调制
148	脉冲间隔调制
149	脉冲宽度调制
150	信号发生器　波形发生器
151	脉冲发生器
152	变频器
153	放大器
154	电磁离合器

图9.2　常用元器件的图形符号(库)(续)

9.4 常用元器件的命名规则

在国家标准中,电气技术中的文字符号分为基本文字符号(单字母或双字母)和辅助文字符号。基本文字符号中的单字母符号按英文字母将各种电气设备、装置和元器件划分为23个大类,每个大类用一个专用单字母符号表示。应优先采用单字母符号。双字母符号由一个表示种类的单字母符号与另一个字母组成,其组合应以单字母符号在前、另一个字母在后的次序列出。

在自动控制原理图中,为了描述和区分这些项目的名称、功能、状态、特征及相互关系、安装位置、电气连接等,没有必要也不可能一一绘出各种元器件的外形结构,一般是用一种简单的符号表示的。除了图形符号外,还必须标注特定的字母代码或代号。例如,某控制装置中的各种熔断器都用一种符号表示,不但大大简化了作图,而且也使读图者一目了然。但是,熔断器的种类是很多的。很显然,在一个图中只用一个图形符号来表示熔断器是不严格的,还必须在图形符号旁标注不同的字母代码作为特定的代号,以区别其名称、种类、功能、状态、特征及安装位置等,如不同熔断器分别标注为FU1、FU2、FU3等。图形符号和字母代码的结合,能使人们一看就知道它们是不同用途的熔断器。并且,由于在同一图中字母代码或代号具有唯一性(例如FU1在同一张图和同一类图中只能标注一个),因此在描述同一对象的各种图样和技术文件中,其对应关系就明确了。由此可知,同图形符号一样,字母代码和各种代号也是电气技术文件及电气图的重要组成部分和基本元素,是必不可少的工程语言。只有正确理解符号、代号的使用规则,识别和使用标准的符号、代号,才能编制符合要求的技术文件、绘制控制原理图。标注在控制文件和控制原理图上,精确表达控制信息的各种字母代码、代号组合称为标识代号。

标识代号由只表示实物,扩展到代表功能和位置等更多信息。标识代号可代表元器件、组件或设备等,还可以代表不同层次的产品,也可以代表产品的功能或位置。

在控制技术文件及控制图中使用标识代号是必要的,现代技术要求在工业领域有遵从同一原则的公共语言。统一的标识代号系统能保证高效的过程。技术系统全寿命周期的各个阶段对安全性、经济性的需求增加,产品及高度自动化导致对数据、信息的需求增加。

标识代号的采用可以达到使过程效率提高、防止错误的目的。作为公共语言的标识代号系统是保证有效控制项目必不可少的前提。这个公共语言是一种非语言特征的、被国际公认的标识代号系统。该语言的词汇构成了技术项目的标识的关键字。

标识代号应满足电子数据处理的全部要求,能够借助电子手段被人眼识别和适应,适合特殊应用及技术发展。

在控制工程中,为了将图中的图形符号和实物之间建立起较明确的对应关系,方便使用人员查找、区分各种图形符号所表示的元件、器件、装置和设备,当设计时通常在电气图和相关文件上将一个字母组合标注在图形符号旁。这个字母组合通常称为字母代码。它具有以下特点：

① 字母代码一般采用英文字母含义，国际通用性较强。

② 字母代码容易被识别，便于操作和使用。

③ 字母代码可以单独使用，也可以组合使用，但组合的方式必须遵守一定的规则。

正是这些特点决定了字母代码在标识代号系统中有着重要作用，其作用体现在字母代码是构成参照代号的主要组成部分，也是构成标识代号系统的主要组成部分。在特定的情况下，单个字母代码也表示具体的项目或物体。

常用控制元器件标识如表 9.1 所列。

表 9.1　常用控制元器件标识

符号首字母	文字符号	元器件名称	备　注
A	A	调节器	
	AA	低压配电柜	
	AC	控制柜/台/箱	
	AX	插座箱	
	AS	信号柜/箱	
	AL	照明配电箱	
	AI	模拟量输入模块	
	AO	模拟量输出模块	
B	B	变换器(电量←→非电量)	
	BP	压力变换器	
	BQ	位置变换器	
	BR	旋转变换器(测速发电机)	
	BT	温度变换器	
	BV	速度变换器	
	BE	耳机	
	BL	扬声器	
	BM	传声器	
C	C	电容器	
	CPU	中央处理器	
	CRT	计算机显示器	
D	D	数字集成电路和器件	
	DI	数字量输入	
	DO	数字量输出	

符号首字母	文字符号	元器件名称	备注
E	E	杂项	
	EH	发热器件	
	EL	照明灯	
	EV	空气调节器	
F	F	过压防电器件/避雷器	
	FA	瞬动限流保护器	
	FR	延时动限流保护器	
	FV	限压保护器	
	FU	熔断器	
	FF	跌开式熔断器	
G	G	发电机	
	GB	蓄电池	
H	H	信号器件	
	HA	声响指示器(电铃、蜂鸣器)	
	HL	指示灯	
	HS	信号灯	
	HB	蓝灯	
	HG	绿灯	
	HR	红灯	
	HW	白灯	
	HY	黄灯	
I	IPC	工业计算机	
K	K	继电器\接触器	
	KA	中间继电器	
	KT	时间继电器	
	KH	热继电器	
	KM	接触器	
L	L	电感器/电抗器	
M	M	电动机	
	MS	同步电动机	
	MD	直流电动机	
	MA	异步电动机	

符号首字母	文字符号	元器件名称	备　注
P	P	测量设备	
	PA	电流表	
	PV	电压表	
	PC	计数器	
	PF	频率表	
	PW	有功功率表	
	PR	无功功率表	
	PJ	电能表	
	PS	记录仪器	
	PLC	可编程逻辑控制器	
Q	Q	电力电路开关	
	QF	空气断路器	
	QL	负荷开关	
	QS	隔离开关	
	QM	电机保护开关	
R	R	电阻器	
	RF	频敏电阻器	
	RP	电位器	
	RV	压敏电阻器	
	RT	热敏电阻器	
S	S	控制电路开关/选择器	
	SA	控制开关/选择开关	
	SB	按钮开关	
	SL	液位传感器	
	SP	压力传感器	
	SQ	位置传感器/限位开关	
	ST	温度传感器	
	SR	转速传感器	
T	T	变压器	
	TA	电流互感器	
	TV	电压互感器	
	TC	控制电路用电源变压器	
	TM	电力变压器	
	TS	稳压器	

符号首字母	文字符号	元器件名称	备　注
U	U	整流器/变流器/逆变器	
	UF	变频器	
	UC	编码器	
	UT	译码器	
V	V	晶体管/二极管	
	VC	控制电路用电源整流器	
W	W	电线电缆母线	
	WC	控制小母线	
X	X	端子/插头/插座	
	XB	连接片	
	XS	插座	
	XP	插头	
	XT	端子板	
Y	Y	电器操作机械装置	
	YA	电磁铁	
	YB	电磁制动器	
	YC	电磁离合器	
	YM	电动阀	
	YC	电磁阀	
Z	ZF	滤波器	

9.5　电缆编号的命名规则

设备命名规则:控制台、柜、箱的编号为 AC□,若数量≥10,则□为两位数字;若数量<10,则□为一位数字。

① 对于柜、台、箱间的电缆:

＊1:来向设备代号数字;

＊2:去向设备代号数字;

＊3:电缆种类代号字母(1位或2位);

＊4:电缆序号(1位或2位)。

【例】W0011A1:AC00 柜至 AC11 柜的交流 1 号电缆(台、柜、箱数量≥10);W12D3:AC1 柜至 AC2 柜的直流 3 号电缆(台、柜、箱数量<10)。

② 对于柜、台、箱与外围设备(传感器、执行器、电机等)间的电缆:

*1：来向设备代号数字；

*2：电缆种类代号字母（1位或2位）；

*3：电缆序号（1位或2位）；

*4：空。

【例】W3ST11：AC3柜至温度传感器的11号电缆。

③ 对于外围设备（传感器、执行器、电机等）间的电缆：

*1：电缆种类代号字母（1位或2位）；

*2：电缆序号（1位或2位）；

*3：空；

*4：空。

【例】WSQ8：8号限位开关间电缆。

如果电缆数量较多，在电缆敷设图中不便标注，可采用综合电缆代号表示法（如W0213M1变换为WC1）。

一项电缆表示例如表9.2所列。

表9.2 电缆表示例

序 号	编 号	方 向		电缆或导线				管 子		备注
		来 向	去 向	型 号	芯数和截面积 /mm²	长度 /m	备用芯数	管径 /mm	长度 /m	
1	WAC1RHM1	JZ－RAC01	1#活门箱	ZR－KVVRP	26×1.5	15	6	32	1	F101－110
2	WAC1RHM2	JZ－RAC01	2#活门箱	ZR－KVVRP	26×1.5	15	6	32	1	F101－120
3	WAC1RHM3	JZ－RAC01	3#活门箱	ZR－KVVRP	26×1.5	15	4	32	1	F121－131
4	WAC1RHM4	JZ－RAC01	4#活门箱	ZR－KVVRP	26×1.5	15	6	32	1	F201－210
5	WAC1RHM5	JZ－RAC01	5#活门箱	ZR－KVVRP	26×1.5	15	6	32	1	F211－220
6	WAC1RHM6	JZ－RAC01	6#活门箱	ZR－KVVRP	26×1.5	15	6	32	1	F221－230
7	WAC1RHM7	JZ－RAC01	7#活门箱	ZR－KVVRP	26×1.5	15	6	32	1	F231－240
8	WAC1F101	JZ－RAC01	F101	IA－KVVRP	3×1.0	40	1	20	2	
9	WAC1F102	JZ－RAC01	F102	IA－KVVRP	3×1.0	40	1	20	2	
10	WAC1F103	JZ－RAC01	F103	IA－KVVRP	3×1.0	40	1	20	2	
11	WAC1F104	JZ－RAC01	F104	IA－KVVRP	3×1.0	40	1	20	2	
12	WAC1F105	JZ－RAC01	F105	IA－KVVRP	3×1.0	40	1	20	2	
13	WAC1F106	JZ－RAC01	F106	IA－KVVRP	3×1.0	40	1	20	2	
14	WAC1F107	JZ－RAC01	F107	IA－KVVRP	3×1.0	40	1	20	2	
15	WAC1F108	JZ－RAC01	F108	IA－KVVRP	3×1.0	40	1	20	2	
16	WAC1F109	JZ－RAC01	F109	IA－KVVRP	3×1.0	40	1	20	2	
17	WAC1F110	JZ－RAC01	F110	IA－KVVRP	3×1.0	40	1	20	2	
18	WAC1F111	JZ－RAC01	F111	IA－KVVRP	3×1.0	40	1	20	2	
19	WAC1F112	JZ－RAC01	F112	IA－KVVRP	3×1.0	40	1	20	2	
20	WAC1F113	JZ－RAC01	F113	IA－KVVRP	3×1.0	40	1	20	2	

序　号	编　号	方　向		电缆或导线				管　子		备注
		来　向	去　向	型　号	芯数和截面积 /mm²	长度 /m	备用芯数	管径 /mm	长度 /m	
21	WAC1F114	JZ-RAC01	F114	IA-KVVRP	3×1.0	40	1	20	2	
22	WAC1F115	JZ-RAC01	F115	IA-KVVRP	3×1.0	40	1	20	2	
23	WAC1F116	JZ-RAC01	F116	IA-KVVRP	3×1.0	40	1	20	2	
24	WAC1F117	JZ-RAC01	F117	IA-KVVRP	3×1.0	40	1	20	2	
25	WAC1F118	JZ-RAC01	F118	IA-KVVRP	3×1.0	40	1	20	2	
26	WAC1F119	JZ-RAC01	F119	IA-KVVRP	3×1.0	40	1	20	2	
27	WAC1F120	JZ-RAC01	F120	IA-KVVRP	3×1.0	40	1	20	2	
28	WAC1F121	JZ-RAC01	F121	IA-KVVRP	3×1.0	40	1	20	2	
29	WAC1F122	JZ-RAC01	F122	IA-KVVRP	3×1.0	40	1	20	2	
30	WAC1F123	JZ-RAC01	F123	IA-KVVRP	3×1.0	40	1	20	2	

9.6　设计及施工说明要求

设计及施工说明应按照下述要素和要求编写：

① 设计依据(摘录设计总说明所列批准文件和依据性资料中与本专业设计有关的内容/其他相关专业提供的相关工程设计资料等)。

② 涉及范围(根据设计任务书要求和有关设计资料,说明本专业设计的内容和分工)。

③ 设计说明(对系统的组成、配置、技术手段、控制方式、实现功能等方面进行描述)。

④ 设备安装与线缆敷设(设备加工制造、安装、电路敷设、验收的相关技术规范及技术要求)。

下面为一项设计及施工说明示例。

设计及施工说明

1. 设计依据

① 供气专业提供的"××工程供气技术条件"。

② 国家及行业相关设计标准、规范：

• 《低压配电设计规范》(GB 50054—2011)；

• 《通用用电设备配电设计规范》(GB 50055—2011)；

• 《国家电气设备安全技术规范》(GB 19517—2023)。

2. 设计范围

本设计涉及××工程××工位××建筑的氮气、氦气、空气三种气源的供气控制。

3. 控制模式

供气控制系统采用以远控为主、远控与近控相结合的测控模式。在综合管理工作间供气控制台通过触摸屏以远程控制模式完成供气系统的自动控制工作,并根据需求可以通过功能按钮和触摸屏结合无扰动地进行手动干预;综合管理工作间监测系统能够监测供气设备日常的状态信息,并具备异常报警能力;在库房控制间控制台能够以近控模式完成氮、氦、空气供气系统的调试、工艺过程控制及日常维护。

4. 系统组成及功能

供气系统有三种气源,其中,氮气供气控制系统测控对象为氮气及液氮的压力、温度、流量、液位、压力开关、调节阀、截止阀、液氮泵、加温器等;氦气供气控制系统测控对象为氦气的压力、流量、截止阀、膜压机等;空气供气控制系统测控对象为空气的压力、调节阀、截止阀、空气压缩机等。供气控制系统主要设备包含 GQ-ACN01 控制柜、GQ-ACTNH 控制台、GQ-ACK01 控制柜、GQ-ACTK 控制台、GQ-ACT01 控制柜、GQ-ACTT 控制台以及 GQ-ACT1~2 控制台。

针对控制系统安全可靠性要求,供气控制系统采用可编程控制器 CPU、网络、模板三级冗余配置,前后端控制系统之间通过光纤形成环形双网通信。空气系统的螺杆压缩机、无油活塞机、干燥器,氮氦系统的液氮泵、加温器、膜压机控制为工艺厂家自成,预留通信接口接入供气控制系统,并接受系统的监测和控制。

在综合管理工作间 GQ-ACT1~2 控制台上通过触摸屏上的操作界面和控制台上的功能按钮完成三种气源监视和控制全过程,并具备无扰动手动干预控制能力。

冗余配置的触摸屏是控制系统的主控人机界面,通过软按钮、功能操作界面实施控制并显示关键参数。

5. 设备安装及线缆敷设

(1)相关技术规范

• 《电气装置安装工程低压电器施工及验收规范》(GB 50254—2014);
• 《电气装置安装工程电缆线路施工及验收标准》(GB 50168—2018);
• 《电气装置安装工程接地装置施工及验收规范》(GB 50169—2016);
• 《电气装置安装工程盘、柜及二次回路接线施工及验收规范》(GB 50171—2012);
• 《自动化仪表工程施工及质量验收规范》(GB 50093—2013);
• 《自动化仪表安装工程质量检验评定标准》GB J131。

(2)设备加工制造、安装、电路敷设技术要求

① 所有有接地要求、标志的设备必须可靠连接地线。

② 所有并接于同一元器件或端子排接线端子上的导线必须焊接于同一线耳中。

③ 终端设备电缆防护用的金属软管必须与设备可靠紧固。固定敷设的电缆禁止护套裸露,移动敷设的电缆禁止芯线裸露。

④ 要求控制柜(台)体结构坚固、外形美观、工艺精细。要求控制台与控制间内其他控制台设计风格一致、外形尺寸统一。柜(台)体、面板元件布置及印字的细部工艺在加工、制造前必须由设计方确认。

⑤ 多数电缆需经金属桥架或金属管敷设,严禁强电和弱电电缆在同一管路中敷设。不同区域间孔洞按规范封堵。

⑥ 屏蔽电缆的屏蔽层严格按规范要求接地。

⑦ 电路敷设平面图仅供参考,设备具体位置见相关专业图,具体敷设方法及材料视现场实际情况而定。

⑧ 电缆表所列电缆及敷设材料的数量仅供参考,实际数量以现场需要为准。

9.7　自动控制系统图纸设计要求

自动控制系统图纸设计应遵循行业约定俗成的基本规则要求。

9.7.1　控制原理图

1. 一般要求

① 控制原理图一般分为主控制电路和辅助控制电路。

② 控制原理图中所有电气元件的图形和文字符号必须符合国家规定的统一标准。

③ 在控制原理图中,所有电器的可动部分均按原始状态绘出。

④ 动力电路的电源线应水平绘出;主电路应垂直于电源线绘出;控制电路和辅助电路应垂直地绘于两条或几条水平电源线之间;耗能元件(如线圈、电磁阀、照明灯和信号灯等)应接在下面一条电源线一侧,而各种控制触点应接在另一条电源线上。

⑤ 应尽量减少线条数量,避免线条交叉。

⑥ 在控制原理图上应标出各个电源电路的电压值、极性或频率及相数;对某些元器件还应标注其特性(如电阻、电容的数值),不常用的电器(如位置传感器、手动开关等)还要标注其操作方式和功能等。

⑦ 为方便阅图,在控制原理图中可将图幅分成若干个图区,图区行的代号用英文字母表示,一般可省略,列的代号用阿拉伯数字表示,其图区编号写在图的下面,并在图的顶部标明各图区电路的作用。

2. 图纸布局

设计和绘制控制原理图应采用功能布局法布置。

电路图的布局应合理,便于说明工作原理和连接关系,同时也应考虑图面紧凑、清晰,连线最短、交叉最少等。

电路图的布局应特别突出过程或信号流方向,突出各部分的功能关系。为了突出过程或信号流方向,应将项目符号排列整齐并使电路直接连通,这样可使工作原理和工作过程更加直观。为了突出各部分的功能关系,在电路图中,表示功能相关元件的符号应一起分组,属于同一功能件的各部分应绘制在一起。

当绘制和使用电路图时,往往需要确定元器件、连接线等的图形符号在图上的位置。当继电器、接触器之类的项目在图上采用分开表示法(线圈和触点分开)绘制时,需要采用插图或表格表明各部分在图上的位置。当较长的连接线采用中断画法,或者连接线的另一端需要画到另一张图上去时,除了要在中断处标注中断标记外,还需标注另一端在图上的位置。

控制原理图示例如图 9.3 所示。

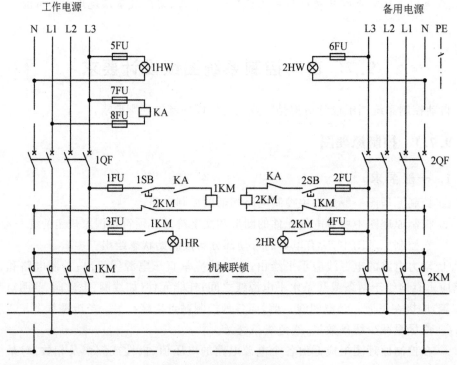

图 9.3 控制原理图示例

3. 电源的表示

电源可同时用线条和 L+、M、L、N、L1、L2、L3、PE、PEN 等符号表示;电源线应集中绘制在电路的一侧,或上部,或下部。多相电源宜按相序从上至下或从左至右排列,中性线应绘制在相线的下方或右方;连接到框形符号的电源线一般应与信号流向成直角绘制;对于公用的供电线(如电源线、汇流排等),可用电源的电压值来表示。

4．电路的布局

控制电路图中电气连接线一般为水平布置或垂直布置；必要时可将某些线（如主电路、主信号通路连线）加粗；连接线的交叉、弯折一般应呈直角，且应路径最短。电路中过长的连接线可采用中断线的表示法。

电路的布局应遵守以下原则：

① 当电路垂直布置时，类似项目宜横向对齐；当电路水平布置时，类似项目宜纵向对齐。如各继电器线圈属类似项目，由于电路采用水平布置，因此这些项目纵向对齐。

② 功能上相关项目应靠近绘制，以使关系表达得清晰。

③ 同等重要的并联通路应依主电路对称地布置。

④ 在某些情况下，为了把相应元件连接成对称的布局，也可以采用斜的交叉线。

5．回路标号

为了便于接线和查线，在电路图中，尤其是分开式二次电路图中，各个回路都应标号。

回路标号的一般原则：

① 回路标号按等电位的原则进行，即在回路中连于一点上的所有导线，因它们在任何时刻都具有同一电位故而标以相同的回路标号。

② 由电气设备的线圈、绕组、触点或电阻器、电容器等元件（或部件）所分隔的线段，在某些时刻不等电位，应视为不同的线段，而标以不同的回路标号。

③ 一般情况下，回路标号由三位或三位以下的数字组成。当需要标明回路的相别或某些主要特征时，可在数字标号的前面（或后面）增注文字符号。

④ 在二次回路或电力传动系统的控制回路中，正极性的线段依次按奇数顺序标号（如 1、3、5……），负极性的线段依次按偶数顺序标号（如 2、4、6……），对交流回路则按某一瞬间确定其正负极性。在各回路中，每经过回路的主要压降元器件（如线圈、绕组、电阻器或电容器等），即改变其极性，因此，回路标号也随之改变（一般在一个回路中可选定一个主要压降元器件）。对运行中改变极性或不能明确标明其极性的线段（如串联连接的线圈、电阻器间的连接导线），可任意选标奇数或偶数。但主要压降元器件两端的标号必须奇偶不同。

⑤ 在一次回路（即主回路）中，以标号中的个位数字的奇偶性区分回路的极性（如直流回路的正极用 1、负极用 2 区分），或以个位数字的顺序区分回路的相别（如三相交流回路的三相分别用 1、2、3 区分）；以标号中的十位数字的顺序区分回路中的不同线段，以标号中的百位数字的顺序区分不同供电电源的回路；以数字标号前面的文字符号表示电路或某些元器件的主要特征。

⑥ 除接于控制回路中的电机、变压器和制动电磁铁等设备的绕组以及电源端点必须标出代表其主要特征的文字标号外，一般控制回路等的回路标号均只用数字标号。若需要区分不同功能的回路（如控制、保护信号等不同回路），则可根据具体情况，自行规定专用的数字标号组。如 1～99 由控制回路采用，101～199 由保护回路采用，400～

799 由互感器回路采用,等等。

⑦ 回路标号中的文字标号须用字母的大写印刷体,数字标号与文字标号并列,且大小相同。

⑧ 在垂直绘制的回路中,回路标号的顺序应尽量采用自上而下或自上、下至中。在水平绘制的回路中,回路标号的顺序应尽量采用自左至右或自左、右至中。标号一般标注于连接导线的上方。

⑨ 当需要表示相序时,可在数字前冠以相别字母,例如,冠以 L1、L2、L3、U、V、W、N、PE、PEN。习惯上也用 A、B、C、N。

9.7.2 电器元件布置图

电器元件布置图反映各电器元件的实际安装位置,在图中电器元件用实线框表示,而不必按其外形形状绘出;在图中往往还留有 10% 以上的备用面积及导线管(槽)的位置,以供走线和改进设计时用;在图中还需要标注出必要的尺寸。

电器元件的布置应注意以下 5 方面:

① 体积大和较重的电气设备、元器件应安装在电器安装板的下方,而发热元器件应安装在电器安装板的上面。

② 强电、弱电应分开,弱电应加屏蔽,以防止外界干扰。

③ 需要经常维护、检修、调整的电器元件的安装位置不宜过高或过低。

④ 电器元件的布置应整齐、美观、对称。外形尺寸与结构类似的电器安装在一起,以利安装和配线。

⑤ 电器元件布置不宜过密,应留有一定间距。若用走线槽,则应加大各排电器间距,以利于布线和故障维修。

图 9.4 所示为一项电器元件柜内布置图示例。

9.7.3 接线图

电气装置的基本信息除了其基本组成、工作原理、性能特点、安装位置等以外,还应表示出电气装置各元器件之间的内部连接关系,以及各元器件与外部电源、其他装置之间的外部连接关系。表示这种连接关系的图就是接线图。也就是说,表达项目组件或单元之间物理连接信息的简图就是接线图。有的时候,还可以采用表格的形式表达这种连接信息,这种表格称为接线表。

1. 接线图的分类

用导线将电源、负载、控制开关等按照一定的顺序连接起来,便构成了一个完整的电路,或称电气装置。其中,电源、负载及元器件、连接线及线路是构成电路(电气装置)最基本的 3 个要素。连接线是构成电气装置的重要组成部分,大致分为两类。

① 内部连接线:电气装置(单元)内部各元器件、组件之间的连接线。

② 外部连接线:不同电气装置(单元)之间直接或通过接线端子连接的连接线。

不同的连接线传达的信息不同,其表达形式也不同。与之对应的接线一般分为以

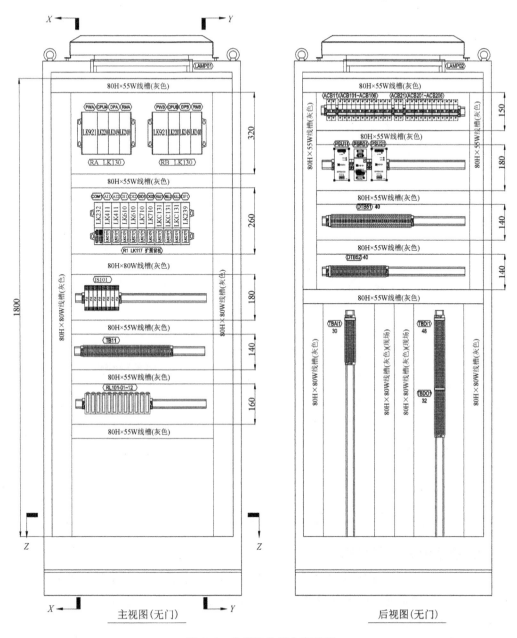

图 9.4　电器元件柜内布置图

下 5 类：

　　① 单元或组件的元器件之间的物理连接(内部)接线图,简称单元接线图。

　　② 不同单元或组件之间的物理连接(外部)接线图,简称互连接线图。

　　③ 到一个单元的物理连接(外部)接线图,简称端子接线图(见图 9.5)。

　　④ 电缆接线图。

　　⑤ 接线表。

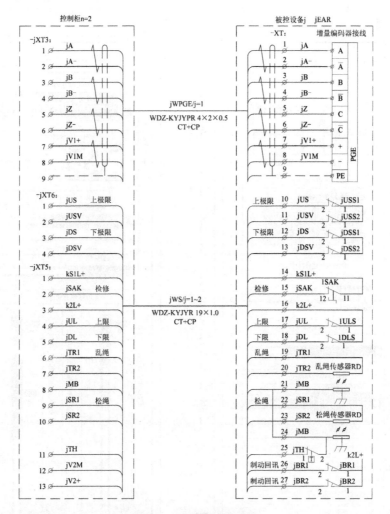

图 9.5　端子接线图示例

2. 接线图的绘制规则

接线图根据电气原理图和电器元件布置图进行绘制,用来表明电气设备或装置之间的接线关系,清楚地表明电气设备外部元件的相对位置及它们之间的电气连接,是实际安装布线的依据。

① 各电器元件均按实际安装位置绘出,元件所占图面按实际尺寸以统一比例绘制,尽可能符合电器的实际情况。

② 一个元件中所有的带电部件均绘在一起,并用点划线框起来,即采用集中表示法。

③ 各电器元件的图形符号和文字符号必须与电气原理图一致,并符合国家标准。

④ 各电器元件上凡是需接线的部件端子都应绘出,并予以编号,各接线端子的编号必须与电气原理图上的导线编号相一致。

⑤ 电气安装接线图一律采用细实线。成束的接线可用一条实线表示。当接线很

148

少时,可直接绘出电器元件间的接线方式;当接线很多时,接线方式用符号标注在电器元件的接线端,表明接线的线号和走向,可以不绘出两个元件间的接线。

⑥ 接线图中应当标明配线用的型号、规格、标称截面。穿管或成束的接线还应标明穿管的种类、内径、长度及接线根数、接线编号等。

⑦ 安装底板内外的电器元件之间的连线需要通过接线端子排进行。

⑧ 注明有关接线安装的技术条件。

3. 接线表达的基本信息

接线图和接线表应包含的主要信息是能够识别用于接线的每个连接点及接在这些连接点上的所有导线和电缆。为了满足安装接线的实际要求,接线图和接线表通常还应表示出项目的相对位置、参照代号、端子号、导线号、导线类型、导线截面积、屏蔽和导线绞合等内容。

对于端子接线图和端子接线表而言,由于它仅需提供一个结构单元的端子和该端子的外部接线信息,因此只须示出一个结构单元的端子。当必要时,接线图和接线表还包含下列信息:

① 导线或电缆种类的信息,如型号、牌号、材料、结构、规格、绝缘层和保护层颜色、电压和电流额定值、导线根数及其他技术数据。

② 导线号、电缆号或参照代号。

③ 连接点的标记或表示方法,如参照代号或端子代号、图形表示法、近端或远端标记。

④ 线缆敷设、走向、端头处理、捆扎、绞合、屏蔽等方法说明。

⑤ 导线或电缆的长度。

⑥ 信号代号或信号的技术数据。

⑦ 需补充说明的其他信息。

⑧ 布局、行程、终止、附件、扭曲、屏蔽等的说明或安装方法。

4. 接线图的一般表示方法

(1) 项目的一般表示方法

在接线图中,项目(如元器件、部件、组件、成套装置等)的布局应采用位置布局法,即接线图上的元件布局位置与其实际相对位置相同,但无须按比例布置。

表达器件、单元或组件的布置,应方便简图按预定目的的使用。接线图中的项目一般采用简化外形符号(正方形、矩形、圆形等)表示,某些引接线比较简单的元件(如电阻器、电容器、信号灯、熔断器等),也可以用一般图形符号表示。简化外形符号通常用细实线绘制。在某些情况下,也可用点划线围框,但有引接线的围框边应用细实线绘制。在接线图项目符号旁一般应标注参照代号,但一般只标注产品面参照代号和位置面参照代号。

(2) 端子的表示方法

端子一般用图形符号和端子代号表示。在端子图形符号(圆圈)旁标注的数字就是端子代号,若较详细书写这些端子代号,则为 x:1、x:2……。当用简化外形表示端子所在的项目(如端子排)时,可不画端子图形符号,仅用端子代号表示。

如果需要区分允许拆卸和不允许拆卸的端子的连接,则必须注明。在图中通常用可拆卸端子图形符号表示,在表中可在附注栏内注明。

(3) 电缆及其组成线芯的表示方法

如果用单条连接线表示多芯电缆,而且要示出其组成线芯连接到物理端子,那么表示电缆的连接线应在交叉线处终止,并且表示线芯的连接线应从该交叉线直至物理端子。电缆及其线芯应清楚地标识。

(4) 导线的表示方法

在接线图中,导线的表示方法有连续线表示法和中断线表示法两种。

① 连续线表示法:端子之间的连接导线用连续的线条表示。

② 中断线表示法:端子之间的连接导线用中断的方式表示,按远端标记。

导线组、电缆、线束等可以用多线条表示,也可以用单线条表示。若用单线条表示,则线条应加粗,在不致引起误解的情况下可部分加粗。当一个单元或成套装置中包括几个导线组时,它们之间应用数字或文字加以区别。

(5) 导线的标记

接线图中的导线一般应给以标记。

标记的方法一般有3种:一是等电位编号法,即用两个号码表示,第一个号码表示电位的顺序号,第二个号码表示同一电位内的导线顺序号,两个号码之间用短横线隔开,例如,"2-3"线表示第2等电位线中的第3条支线;二是顺序编号法,即将所有的导线按顺序编号;三是呼应法,或称相对编号法,通常按导线的另一端去向作标记。

导线的标记内容:一是根据导线的特征和功能等标记;二是色标标记。按导线的特征和功能标记的基本形式是:主标记+补充标记。其中,主标记包括从属标记(从属本端标记、从属远端标记、从属两端标记)、独立标记、组合标记。补充标记包括功能标记、相位标记、极性标记、保护导线和接地线的标记等。用连续线表示的接线图多采用独立标记。色标标记就是用导线颜色的英文名称的缩写字母代码作为导线的标记。表示颜色的标准字母代码如表9.3所列。

表 9.3　表示颜色的标准字母代码

序　号	颜　色	字母代码	序　号	颜　色	字母代码
1	黑	BK	9	灰	GY
2	棕	BN	10	白	WH
3	红	RD	11	粉红	PK
4	橙	OG	12	金黄	GD
5	黄	YE	13	青绿	TQ
6	绿	GN	14	银白	SR
7	蓝	BU	15	绿黄相间	GN-YE
8	紫	VT			

9.7.4　电缆配置图和电缆配置表

电缆配置图和电缆配置表表示单元之间外部电缆的配置、电缆的型号和规格、起止单元以及电缆的敷设方式、路径等。

电缆配置图应清晰地表示出各单元(例如机柜、屏、台)间的电缆。在电缆配置图上,各单元的图形符号用实线围框表示,各单元的参照代号一般用位置代号表示。

电缆配置表一般包括电缆号、电缆类型、连接点的参照(位置)代号及其他说明等。

图 9.6 所示为项目＋A、＋B、＋C、＋D 四个单元之间的电缆配置图。这些单元之间配置了 3 条电缆,依次编号为 207、208、209。表 9.4 是与图 9.6 对应的电缆配置表。从图和表中可以看出,207 号电缆为塑料绝缘电缆,其型号和规格为 KVV-3×2.5 mm^2,从单元＋A 连接到单元＋B;208 号电缆的型号和规格为 KVV-2×6 mm^2,从单元＋B 连接到单元＋C;209 号电缆的型号和规格为 KVV-2×4 mm^2,从单元＋A 连接到单元＋D。

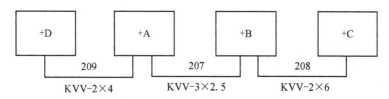

图 9.6　电缆配置图

表 9.4　电缆配置表 1

电缆号	电缆型号和规格	连接点		备　注
207	KVV-3×2.5 mm^2	＋A	＋B	
208	KVV-2×6 mm^2	＋B	＋C	
209	KVV-2×4 mm^2	＋A	＋D	

图 9.7 为一项 10 kV 变电气二次电缆配置图,与之对应的电缆配置表如表 9.5 所列。该配电变电所二次电缆配置情况说明如下:

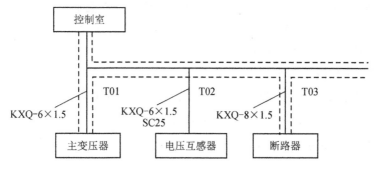

图 9.7　一项 10 kV 变电所二次电缆配置图

T01 号电缆:连接于主变压器端子箱和控制室控制屏之间,电缆型号为 KXQ(铜芯、橡皮绝缘、铅包控制电缆),电缆芯线为 6 根,截面积为 1.5 mm^2,沿电缆沟敷设。

T02 号电缆:连接于电压互感器和控制室之间,电缆型号及规格为 KXQ-6×1.5 mm^2,其中一段沿电缆沟敷设,去电压互感器分支段采用穿钢管(SC)敷设,钢管管径为 25 mm。

T03 号电缆:连接于 10 kV 进线断路器与控制室之间,电缆型号及规格为 KXQ-8×1.5 mm^2,沿电缆沟敷设。

表 9.5　电缆配置表 2

电缆号	电缆型号及规格	长度/m	敷设方式	连接点		备　注
				1	2	
T01	KXQ-6×1.5 mm^2	20	电缆沟	主变压器	控制室	
T02	KXQ-6×1.5 mm^2	35	电缆沟、穿管	电压互感器	控制室	钢管 d25
T03	KXQ-8×1.5 mm^2	50	电缆沟	断路器	控制室	

9.7.5　设备布置图

设备布置图是在一定范围内表示控制设备位置的图,因此,设备布置图的绘制必须是在总平面图、建筑平面图、设备外形尺寸图等原始基础资料图上设计和绘制的。这些表达原始基础资料信息的图通常称为基本图。

设备布置图是在绘制了建筑墙、门、窗、楼梯的基本图上绘制该建筑电气设备及线路布置的图,是在基本图上补充了电缆路由的基本图。显然,这就更具体地指明了该建筑内电缆的路由布置。

1. 基本图的特点

① 基本图一般由非控制技术人员(如建筑师、土木工程师)提供,虽然比专业建筑图简单,但必须符合技术制图和建筑制图的一般规则。

② 基本图是为设备布置图服务的,对基本图信息量的要求应满足安装工程有关各方的协议要求。如进行控制设计应交付的文件可能缺少有关非电设施,它必须根据控制专业的要求,提供尽可能多的与控制安装专业相关的信息,如非电设施(通风、给排水设备)、定位轴线、建筑结构件(梁、柱、墙、门、窗等)、用具、装饰件等项目信息。

③ 为了突出控制设备布置,对于纸质文件,基本图尽可能应用一些改善对比度的方法,如对于基本细节,采用浅墨色或其他不同的颜色。但这些方法的采用仅以不影响正式文件(例如在复印或印刷之后)的可读性为限。

2. 基本图信息要点

基本图应表示出编制定位设备布置图的全部必要信息。例如:

① 地理位置点。

② 指北针。

③ 建筑的位置和轮廓、场地道路、附属设施、出入口及场地边界。

④ 平面图和局部视图中房间、小室、走廊、开口、窗户、门等的轮廓和构造详情。

⑤ 与建筑有关的障碍物,例如结构梁、支柱。

⑥ 地板或装饰板的负载容量及对切割、钻孔或焊接的任何限制。

⑦ 电梯、起重机、加热、冷却和通风系统等特殊安装的间隙。

⑧ 危险区域。

⑨ 接地点。

⑩ 所需的有用空间和出入口。

3. 对建筑物图的要求

供控制设备安装用的建筑物图,除非另有协议,应按比例绘制,并应明显地标明比例尺。

建筑物图应表示下列信息:

① 用平面图和剖面图示出房间、机舱、走廊、孔道、窗、门等外形和结构细节。

② 建筑障碍物,如结构钢梁和柱。

③ 楼层或盖板的负荷容量和切割、打孔或焊接的限制。

④ 专用设施,如升降机,吊车,供热、制冷和通风系统的房屋。

⑤ 其他对电气安装重要的设备。

⑥ 危险区。

⑦ 接地点等。

4. 对机械部件布置图的要求

机械部件布置图用来提供控制设备和元件的安装和接线信息。例如:

① 可以利用的空间和所需的出入通道。

② 固定方法。

③ 导线路径和固定方法。

④ 出入点。

⑤ 绝缘状况。

⑥ 封装要求(防潮、防尘)。

⑦ 接地点等。

5. 设备布置图的布局

设备布置图的布局应清晰,以便于理解图中所包含的信息。

对于非电物件的信息,只有当对理解电气图和电气设施安装十分重要时,才可将它们表示出来。但为了使图面清晰,非电物件和电气物件应有明显区别。

应选择适当的比例尺和表示法,以避免图面过于拥挤。书写的文字信息应置于与其他信息不相冲突的地方,例如在主标题栏的上方。

如果有的信息在其他图上,则也应在图中注出。

6. 控制系统电气元件的表示方法

控制系统电气元件通常用表示其主要轮廓的简化形状或图形符号来表示。其安装方法和方向、位置等应在设备布置图中标明。对于大多数电气布置图,如果没有标准化的图形符号,或者符号不实用,则可用其简化外形表示。

7. 连接线的表示方法

如果要求示出导线,则一般采用单线表示法绘制。只在当需要表明复杂连接的细节时,才采用多线表示法。

连接线应明显区别于表示地貌、结构和建筑内容的图线。如可采用不同的线宽、不同墨色或不同颜色,以区别基本图上的图线;也可以采用画剖面线或阴影线的方法。

当平行线太多、可能使图过于拥挤时,应采用简化方法,例如绘成线束,并标注参照代号。

8. 室外场地电气设备布置图

室外场地电气设备布置图是在建筑总平面图的基础上绘制出来的,它只是概要表示建筑物外部(如场坪、场地、道路等)的电气装置的布置。对各类建筑物只用外轮廓线绘制的图形表示。

室外电缆路由图是以总平面图为基础的一种布置图。这种图一般应表示出电缆沟、电缆线槽、电缆导管、电缆支架、固定件等,还应表示出实际电缆或电缆束的位置和线芯数量。

电缆路由图一般只限于表示电缆路径,也可表示为支持电缆敷设和固定所安装的辅助器材。

当必要时,应补充上面提及的各个项目的编号。如果未表示出尺寸,则应把尺寸连同相关零件的编号或电缆表一起补充。

为了准确说明路径,考虑每根电缆的计算长度及电缆附件的要求,可给各个基准点以编码。

9. 室内电气设备布置图

室内电气设备布置图的基础是建筑物图。控制系统电气设备的元件应采用图形符号或采用简化外形来表示。图形符号应表示在元件的大概位置。

电气设备布置图不必给出元件间连接关系的信息,但表示出设备之间的实际距离和尺寸等详细信息可能是必要的。有时,还可补充详图或说明,以及有关设备识别的信息和代号。

如果没有室外场地设备布置图,建筑物外面的设施一般也尽可能表示在此布置图中。

室内设备安装简图是同时表示出元件位置及其连接关系的布置图。在安装简图中,必须示出连接线的实际位置、路径、敷设线管等。有时还应表示出设备和元件以何种顺序连接的具体情况。

室内电缆路由图是以建筑物图为基础示出电缆沟、导管、固定件等和实际电缆、电缆束的位置的图。

对复杂的电缆设施,为了有助于电缆敷设工作,当必要时应补充上面提到的项目的代号。

图 9.8 所示为一项设备布置线路敷设示意图。

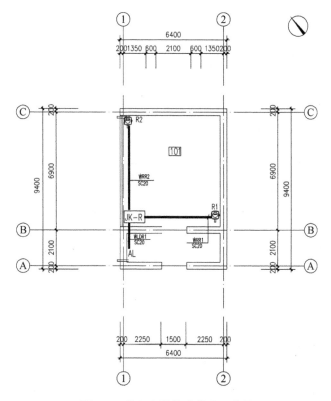

图 9.8　设备布置线路敷设示意图

9.8　自动控制系统图纸设计示例

本节以一套机电设备安全控制系统为例,简要介绍自动控制系统图纸设计过程和方法。

1. 系统层级关系及网络结构图

系统层级关系及网络结构图如图 9.9 所示。

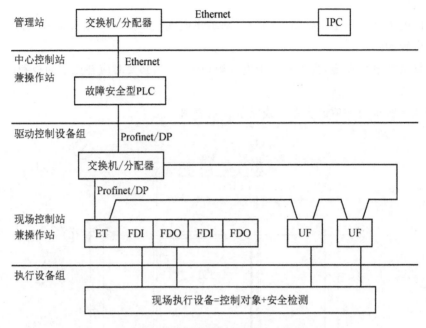

图 9.9 系统层级关系及网络结构图

2. 控制系统图

控制系统图如图 9.10 所示。

3. 接地系统图

接地系统图如图 9.11 所示。

4. 网络关系图

网络关系图如图 9.12 所示。

5. 控制电源原理图

控制电源原理图如图 9.13 所示。

6. 控制电源原理图

控制原理图如图 9.14 所示。

7. 控制柜元器件布置图

控制柜元器件布置图如图 9.15 所示。

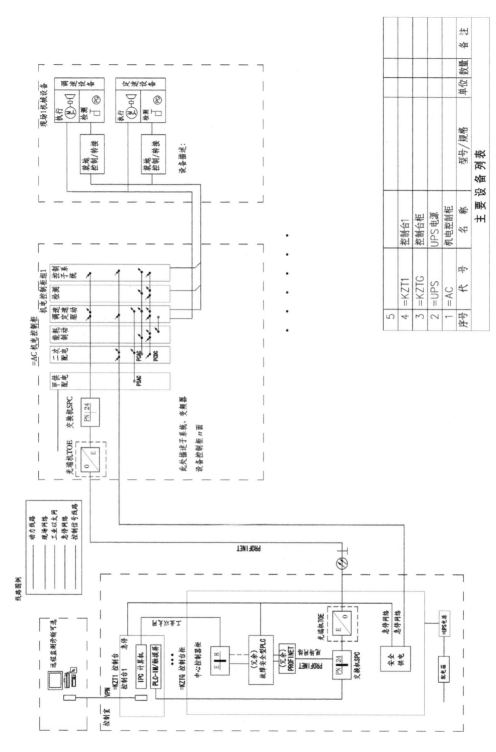

图9.10 控制系统图

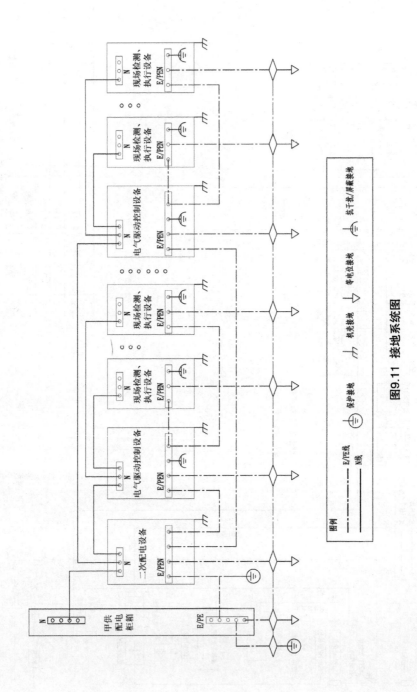

图9.11 接地系统图

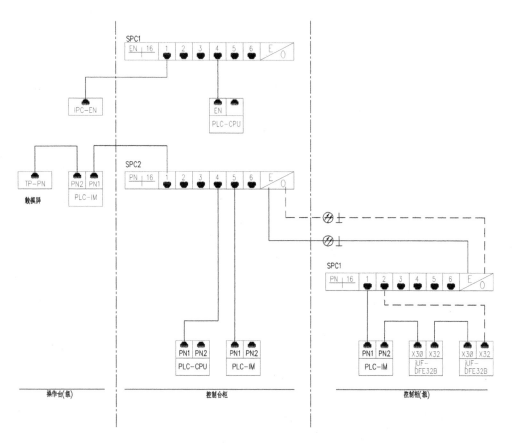

图 9.12 网络关系图

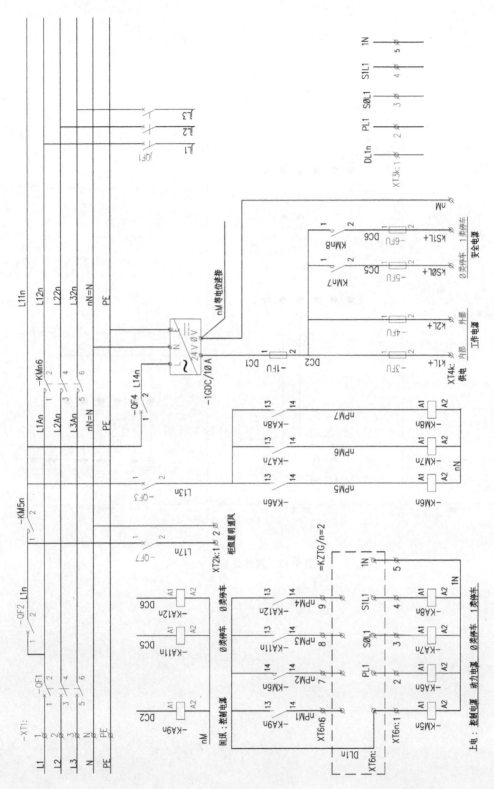

图9.13 控制电源原理图

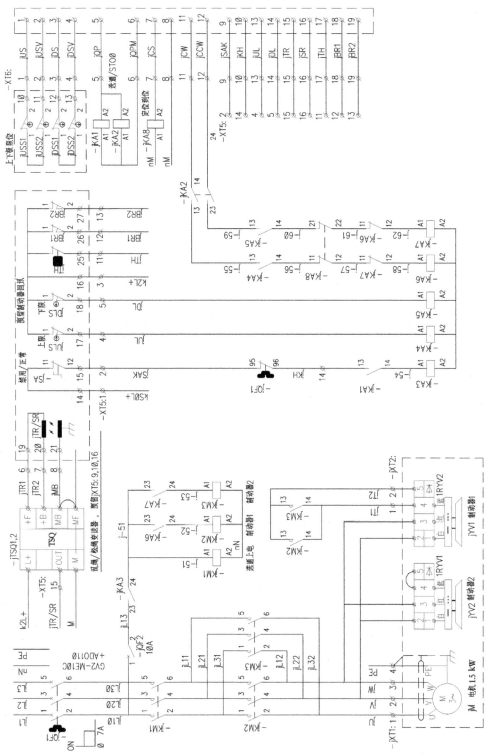

图9.14 控制原理图

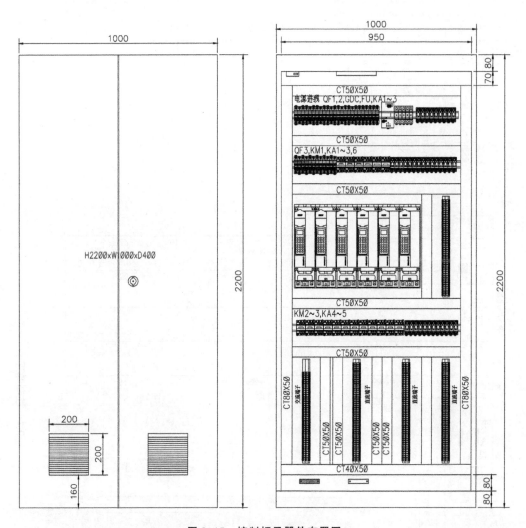

图 9.15 控制柜元器件布置图

第10章 自动控制设计输出文件质量控制

自动控制专业设计输出文件的质量控制是通过严格的校审管理,从制度和专业技术方面来实现质量的控制和保证。

10.1 初步设计(方案设计)校审要求

1. 校对内容

① 设计文件的内容、格式、深度是否符合有关文件的规定。

② 设计基础资料(工艺及设备专业条件和技术要求)是否有正式文件依据,条件签署是否符合规定要求。

③ 设计是否符合有关规范或规定,设计说明的内容是否完整,文字叙述是否通顺,技术概念是否准确。

④ 控制方案(包括关键设备的安全控制)能否满足工艺及设备专业的要求。

⑤ 环境特征(如有易燃易爆、有毒、有腐蚀、严寒等)是否明确,主要设备器件选型是否合理。

⑥ 配电系统及容量计算是否正确。

⑦ 检测、控制点的位置是否正确合理,编号是否与图纸相对应。

⑧ 材料表所列的设备、器件的名称、型号、规格、数量是否正确并满足要求,余量是否合适。

⑨ 控制台、柜、箱的布置和控制室的设置是否合理、实用,便于操作和维修。

2. 审核内容

① 设计与设计依据(项目计划任务书及审批意见、项目合同、有关规范及标准、工艺/设备专业设计条件)是否相符。

② 主要设计基础资料、数据(如规范、标准、计算公式等)的引用是否正确。

③ 设计原则和控制方案(包括关键设备的安全控制)及主要仪表选型是否安全、可靠、技术先进、经济合理、切实可行。

④ 当有可靠性要求时,控制方案设计是否符合分配的可靠性指标数据要求。

3. 审定内容

① 设计是否符合设计依据(项目计划任务书及审批意见、项目合同、有关规范及标准、工艺/设备专业设计条件)的内容。

② 设计的指导思想、技术路线、自动化水平、系统及关键设备的安全性（当有安全性要求时）是否符合国家相关规范、标准和各项方针政策。

③ 控制方案是否安全、可靠、技术先进、经济合理。

10.2　施工图设计校审要求

1. 图纸封面、目录及标题栏校审要求

① 图纸封面中单位名称、工程名称、项目名称、签署、日期、图号、设计阶段、密别等是否正确。

② 目录（设计组成）中图名、图号与相应图中的图名、图号是否一致，采用的图纸是否准确，有无遗漏。

③ 施工图标题栏的工程名称、项目名称、会签、签署、图名、图号等是否完整准确。

2. 设计说明校审要求

(1) 校对内容

① 设计依据交代是否清楚，对初步设计（方案设计）的修改理由叙述是否充分，编写的内容是否完整合理并符合有关规定，初步设计中存在的问题是否已妥善解决。

② 有关自动控制部分的工艺装置特征（如防热、防冻、防爆、防腐等）是否已作阐明，其防护措施是否符合有关技术规定。

③ 设计、安装、调试及验收所采用的标准规范是否正确（含版本修订的有效性）。

(2) 审核内容

① 初步设计中存在的问题的处理是否恰当。

② 初步设计（方案设计）中采用的新技术、新产品、新材料是否落实。

③ 设计、安装、调试及验收所采用的标准规范是否正确（含版本修订的有效性）。

④ 当有可靠性要求时，系统设计是否满足可靠性指标要求。

3. 控制系统图校审要求

(1) 校对内容

① 控制系统与工艺流程是否相符。

② 系统组成、网络结构、控制方式系统描述是否清楚、有无错误。

(2) 审核内容

① 控制系统是否满足工艺使用要求。

② 系统配置是否合理、可行。

4. 控制原理图校审要求

(1) 校对内容

① 对 PLC、变频器等控制设备，核对功能、性能、容量、回路的组成、编号及接线是否正确。

② 接触器、继电器、断路器等元器件的数量、编号、规格型号是否正确。

③ 接线端子与端子排的布置、规格型号选用、备用端子的数量是否合理。

④ 对照有关图纸,核对编号、电缆选型、内部接线、外部走向是否正确。

⑤ 安全控制系统的设计与设备选型能否达到动作准确、迅速可靠的要求。

⑥ 配电系统的容量计算、总断路器与各级分断路器的额定电流选择是否合适,电气元件选型是否合理。

⑦ 电线、电缆编号与走向和接线端子编号是否与有关图纸相符,配电回路有无遗漏。

⑧ 配电方案是否经济合理、安全可靠。

(2) 审核内容

① PLC、变频器等控制设备的选型和配置是否正确、合理。

② 接触器、继电器、断路器等元器件选型是否正确。

③ 安全控制系统的方案与设备选型是否安全可靠、经济合理、满足工艺要求,信号、联锁关系及紧急停机是否正确、合理。

5. 控制台、柜、箱布置图校审要求

(1) 校对内容

① 面/底板布置是否符合工艺的功能要求,无遗漏,便于操作、监视。

② 尺寸标注是否齐全、正确,视图是否正确,进线孔大小是否合适。

③ 台、柜、箱内部端子与外部元件、电缆之间的连接关系(含电缆型号、编号及设备编号)是否正确。

(2) 审核内容

① 面/底板布置内容是否正确。

② 元件布局是否合理,排列布置是否整齐美观、满足检修和接线的要求。

6. 电缆联系图、敷设图校审要求

① 控制室内的台、柜、箱和辅助设备布置是否合理。

② 控制台、柜、箱和检测元件、执行器等现场设备的位置是否明确、合理,数量是否正确。

③ 电缆、管线的敷设是否符合有关规定,电缆沟和桥架的位置与大小是否合适,是否妨碍交通或与其他专业的设备、管线干涉。

④ 动力线、信号线等不同类型的电缆(线)如在一起敷设有无隔离或屏蔽措施。

⑤ 是否符合相应的防爆、防腐、高低温等环境要求,本安电缆管线是否按防爆要求与其他管线分开敷设。

⑥ 电缆、电线的编号及起止设备的编号与有关台、柜、箱的接线图及敷设图是否相符,备用芯数是否合理。

7. 主要设备及材料表校审要求

① 内容是否齐全,有无重复和遗漏。

② 设备、元器件的代号、型号、数量的填写是否与图纸上一致。

③ 原材料备用量是否合适。

10.3　施工图设计审定要求

① 设计是否符合相关规范、标准以及批准的初步设计文件。

② 系统设计是否合理、可行、安全、可靠、经济。

③ 主要设备选型和配置是否正确、合理,在功能、性能、安全性、可靠性、能源消耗、施工安装、管理维护方面是否满足相关规范和使用要求。

④ 设计图纸表述是否清晰、完整、正确,并满足标准和设计深度要求,各图之间表述是否一致。

⑤ 各台、柜、箱之间关系是否表述清晰、正确,加工制造、施工安装、系统调试、验收、使用维护要求是否明确。

⑥ 设计质量等级评定。

10.4　施工图设计所审要求

① 设计过程文件及内容是否齐全。

② 设计是否符合相关标准、规范和已经批准的相关文件。

③ 设计是否满足设计深度规定的要求。

④ 设计是否满足工艺(总体工艺、设备工艺)要求和节能环保的要求。

⑤ 风险点控制措施是否有效。

⑥ 设计依据中采用的标准、规范是否正确,是否符合本工程实际情况并为现行有效版本。

⑦ 总体工艺、设备工艺要求是否明确。

⑧ 控制方式、接地等要求是否明确。

⑨ 设备加工制造、施工安装、调试、验收、使用维护要求是否明确。

⑩ 系统设计是否先进、合理、可行。

⑪ 控制方式配置是否满足需求。

⑫ 系统外部接口设计是否满足要求。

⑬ 控制系统原理设计是否满足相关标准、规范要求。

⑭ 系统关键设备安全联锁、急停保护、接地、防雷等设计是否符合相关国家机电安全类强制性条文要求。

⑮ 防爆场所系统内外部防护等接口设备的选型和配置是否符合相关国家防爆类强制性条文要求。

⑯ 设计图纸表述是否清晰、完整,各设备间关系是否正确。

⑰ 控制元部件选型是否合适,配电上下级是否匹配,保护器件整定与配合是否恰当。

⑱ 控制设备是否符合环境要求,防腐、防爆、防火措施是否恰当。

⑲ 控制设备是否注明主要技术指标。

⑳ 电缆、桥架、管线等材料选型是否满足要求。

㉑ 现场控制设备布置是否满足工艺要求。

㉒ 控制设备间的设置、设备布置是否合理,是否方便操作、维修。

㉓ 线路走向、敷设方式是否合适,当线路穿越沉降缝、防火分区、防爆分区、隔爆墙等情况时采取的技术措施是否恰当。

㉔ 平面敷设设计是否符合相关国家防爆类、机电安全类、消防类强制性条文要求。

10.5　自动控制设计关键件/重要件特性分析

对于自动控制系统设计,控制系统的关键件、重要件特性分析是设计工作中一项工作内容,针对一项控制系统的设计任务,均应对其涉及的关键件和重要件进行识别和分析。针对航天发射场的应用场景,常见的自动控制系统关键件和重要件主要有以下几类。

1. 变频器

变频器是应用变频技术与微电子技术,通过改变电机工作电源频率方式来控制交流电动机的电力控制设备。变频器主要由整流(交流变直流)、滤波、逆变(直流变交流)、制动单元、驱动单元、检测单元、微处理单元等组成。变频器靠内部 IGBT 的开断来调整输出电源的电压和频率,根据电机的实际需要来提供它所需要的电源电压,进而达到节能、调速的目的。另外,变频器还有很多的保护功能,如过流、过压、过载保护等。变频器的主要功能有:电机调速、矢量运行、变频节能、功率因数补偿、软启动等。变频器是控制系统重要组成部分之一,对于移动设备可以实现被控对象的变频调速、闭环控制、精确定位,对于风机水泵类设备可以实现软启动、流量控制。通过工业控制总线,可以实现多台设备同步、编程组合等多种使用功能。

2. 编码器

编码器是将信号或数据进行编制、转换为可用以通信、传输和存储的信号形式的设备。编码器把角位移或直线位移转换成电信号,前者称为码盘,后者称为码尺。按照工作原理,编码器可分为增量式和绝对式两类。增量式编码器先将位移转换成周期性的电信号,再把这个电信号转变成计数脉冲,用脉冲的个数表示位移的大小。绝对式编码器的每一个位置对应一个确定的数字码,因此它的示值只与测量的起始和终止位置有关,而与测量的中间过程无关。通过编码器可以测量出被控制设备的当前位置和速度,将信号返回给变频器或者 PLC,实现被控设备的速度控制和位置控制。

3. PLC

PLC 是一种数字运算操作的电子系统,专为在工业环境应用而设计。它采用一类可编程的存储器,用于其内部存储程序,执行逻辑运算、顺序控制、定时、计数与算术操作等面向用户的指令,并通过数字或模拟式输入/输出控制各种类型的机械或生产过程。PLC 是工业控制的核心部分,通过 PLC 实现控制系统的集成化、自动化。PLC 的基本结构包括电源、CPU、存储器、接口电路、功能模块、通信模块。

PLC 是控制系统核心,接收温度、压力、液位、流量等各类传感器信号,并通过阀门、电机、风机、水泵等执行设备,完成各类控制任务。

4. 触摸屏

触摸屏又称触控屏、触控面板,是一种可接收触头等输入信号的感应式液晶显示装置。当接触了屏幕上的图形按钮时,屏幕上的触觉反馈系统可根据预先编成的程式驱动各种连接装置,可用以取代机械式的按钮面板,并借由液晶显示界面显示。在控制系统中,触摸屏能够实现系统控制、参数设定、状态显示等人机界面功能。

5. 工控机

工控机(IPC)即工业控制计算机,是一种采用总线结构,对生产过程及机电设备、工艺装备进行检测与控制的工具总称。工控机具有重要的计算机属性和特征,如具有计算机 CPU、硬盘、内存、外设及接口,并有操作系统、控制网络和协议、计算能力、友好的人机界面。工控机经常会在比较恶劣的环境下运行,对数据的安全性要求也更高,因此,通常会对工控机进行加固、防尘、防潮、防腐蚀、防辐射等特殊设计。在控制系统中,工控机通过以太网或者工业总线与 PLC 实现数据通信,实现系统控制、参数设定、状态显示、数据存储等功能。

6. 调功器

调功器是应用晶闸管(又称可控硅)及其触发控制电路用于调整负载功率的盘装功率调整单元。航天发射场场区设备控制系统主要使用调功器实现对空调系统电加热器的控制。

7. 软启动器

软启动器是一种集软启动、软停车、轻载节能和多功能保护于一体的电机控制装备。它能实现在整个启动过程中无冲击而平滑地启动电机,而且可根据电动机负载的特性来调节启动过程中的各种参数,如限流值、启动时间等。其主要功能有过载保护、缺相保护、过热保护、测量回路参数等。

8. 气体探测器

气体探测器是一种监测气体体积浓度的仪器,适用于存在可燃或有毒气体的危险场所,能长期连续监测空气中被测气体爆炸下限以内的体积分数。它可广泛应用于燃气、石油化工、冶金、钢铁、炼焦、电力等存在可燃或有毒气体的各个行业,是保证财产和人身安全的理想监测仪器。其主要特点:采用电化学和催化燃烧式传感器(可燃气体),性能稳定;精度高,反应速度快;4～20 mA 标准信号输出;功耗低。

9. 报警控制器

报警控制器负责控制、管理本地报警系统的工作状态;收集探测器发出的信号,按照探测器所在防区的类型与主机的工作状态(布防/撤防)做出逻辑分析,进而发出本地报警信号,同时通过通信网络向接警中心发送特定的报警信息。除了具有以上的基本功能外,有些报警控制器还具有一些其他功能。例如,可驱动外围设备,如开启摄像机、录像机、照明设备、记录打印机等。功能完善的报警控制器还具有系统自检功能、故障报警功能、对系统的编程功能等。系统自检功能可实现对整个入侵探测报警系统的自检,检查系统各个部分的工作状态是否正常,否则发出故障报警信号。故障报警功能是指对系统中电路的短路、断路、设备外壳被非法打开等进行检测,一旦有上述情况发生,也会发出故障报警信号。

10. 安全栅

安全栅接在本质安全电路和非本质安全电路之间,是将供给本质安全电路的电压或电流限制在一定安全范围内的装置。安全栅又称安全限能器,是本安系统中的重要组成部分。安全栅主要有齐纳式安全栅和隔离式安全栅两大类。齐纳式安全栅的核心元件为齐纳二极管、限流电阻及快速熔断丝。隔离式安全栅不但有限能的功能,还有隔离功能,它主要由回路限能单元、信号和电源隔离单元、信号处理单元组成。安全栅的主要功能为限流限压,保证现场仪表可得到的能量在安全范围内。本安型安全栅应用在本安防爆系统的设计中,是安装于安全场所并含有本安电路和非本安电路的装置,电路中通过限流和限压电路限制了送往现场本安回路的能量,从而防止非本安电路的危险能量串入本安电路。它在本安防爆系统中称为关联设备,是本安系统的重要组成部分。

11. 信号隔离器

信号隔离器将输入单路或双路电流或电压信号,变送输出隔离的单路或双路线性的电流或电压信号,并提高输入、输出、电源之间的电气隔离性能。

12. 温湿度传感器

温湿度传感器是指能将温度量和湿度量转换成容易被测量处理的电信号的设备或装置。

第四部分
自动控制软件

软件在自动控制系统中是控制功能实现的驱动力,控制系统软件的设计和质量管理对自动控制系统的功能、性能、可靠性等起着决定性作用。本部分从软件开发过程管理、嵌入式软件底层技术的层面对控制系统软件开发工作进行概要介绍。

第11章 软件开发过程

软件生存周期通常划分为软件系统分析与设计阶段、软件需求分析阶段、软件概要设计阶段、软件详细设计阶段、软件编码和单元测试阶段、软件部件测试阶段、软件配置项测试阶段、软件系统测试阶段、软件验收移交与保障阶段、软件维护阶段,有时还包括软件退役阶段。

软件开发过程是软件生存周期中非常重要的过程,直接决定着开发的软件是否满足使用需求、符合完成工艺和控制系统设计要求。

软件开发过程包括图 11.1 所示活动。

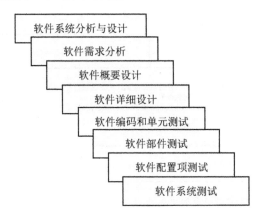

图 11.1 软件开发过程

图 11.1 为软件开发标准过程,对于不同规模和关键等级的软件开发过程,在上述过程的基础上作适度裁剪。结合工程实践,软件开发组织程序如图 11.2 所示。

11.1 软件系统分析与设计

1. 任 务

软件系统分析与设计是根据系统总体要求和用户使用要求对软件功能、性能、接口和运行环境等进行定义的过程。

软件系统分析与设计在对任务要求进行分析和细化的基础上,以软件配置项(CSCI)为单位进行软件系统的体系结构设计,明确对各软件配置项的要求,确定各软件配置项的运行环境,以及软件配置项之间、软件配置项和硬件配置项(HWCI)之间的

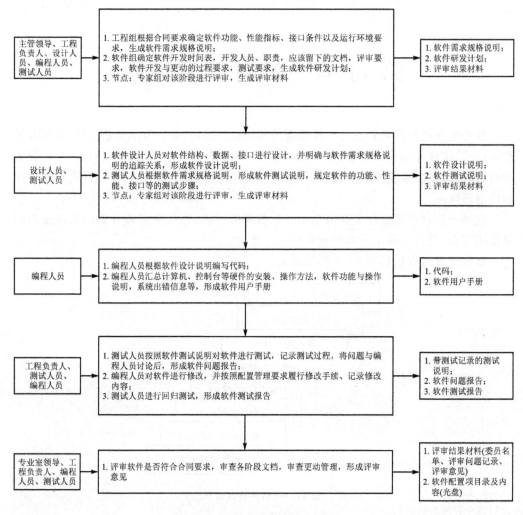

图 11.2　软件开发组织程序

接口关系和时序关系。此外,还应进行软件系统的危险性分析,识别与软件系统具体设计方案有关的危险,在此基础上确定软件系统中各软件配置项的软件关键等级。

软件系统分析与设计可分层次进行。若软件系统由多个分系统组成,则应进行分系统设计,描述各个分系统的功能、性能、分系统间接口关系、安全性需求,并进行分系统危险分析。

软件系统分析与设计应形成文档,可独立成文,也可作为总体技术方案中的一部分内容。文档内容参照相关软件文档编制细则中软件系统设计说明中的要求。

在软件系统设计说明的基础上提出软件研制任务书。其内容包括软件功能要求、性能要求、接口要求、运行环境、支持环境、设计约束、可靠性要求、安全性要求、测试要求、文档要求、进度要求、质量保证要求、验收与交付要求、维护要求等。软件研制任务书是软件开发和验收等的重要依据之一。

根据软件系统设计说明和软件研制任务书制定软件系统测试计划。

2. 实施步骤

① 分析、细化任务要求和用户要求,定义系统需求。

② 开展软件系统危险分析,识别与系统具体设计方案有关的危险,确定对软件的安全性要求。

③ 进行软件系统体系结构设计,划分并标识软件系统中的各个软件配置项。

④ 确定各软件配置项之间、软件配置项和硬件配置项之间的数据流、指令流、时序关系和接口信息协议。

⑤ 在软件系统危险分析的基础上,根据每个软件配置项的关键等级,提出对软件配置项的安全性需求。

⑥ 确定操作系统、编辑器、编程语言和软件开发环境,并验证和确认其安全性和可靠性。

⑦ 确定非开发软件配置项。

⑧ 编写系统危险分析报告。

⑨ 形成软件系统设计说明和软件研制任务书。

⑩ 制定软件系统测试计划。

3. 阶段产品

① 软件系统设计说明。

② 软件研制任务书。

③ 软件评测任务书。

④ 软件系统测试计划。

⑤ 软件系统危险分析报告。

阶段产品应进入配置管理库。

4. 主要技术要求

① 软件系统分析与设计应分解至软件配置项,并对软件配置项进行标识,应明确对各软件配置项的功能、性能要求,确定各软件配置项的运行环境,以及软件配置项之间、软件配置项与硬件配置项之间的接口关系和时序关系。

② 要按照软件任务特点、重要程度和复杂性等因素,基于系统危险分析明确规定软件配置项的关键等级与规模等级。

③ 软件系统分析与设计要充分征求有关方面(如承制方、使用方和评测方)的意见,确保软件系统分析与设计的准确性、可行性和合理性。

④ 软件研制任务书应明确软件配置项的主要功能、性能、接口等技术指标要求,提出运行环境、设计约束、可靠性、安全性、维护性、质量保证、验收和交付、进度和控制节点等要求。

⑤ 软件研制任务书中应明确列出软件承制方最终向软件交办方交付的产品清单。

⑥ 软件研制任务书中应明确运行维护阶段的保障要求。

⑦ 软件系统测试计划中应明确软件测试目的、测试环境、测试进度和测试内容。

5．验证与确认

① 对软件系统危险分析报告、软件安全性要求、软件关键等级进行复核、分析。

② 对非开发软件进行审查。

③ 对选用的操作系统、编译器、编程语言和软件开发环境的安全性和可靠性的验证确认结果进行评审。

④ 评审软件系统设计说明。

⑤ 评审软件系统危险分析报告。

⑥ 评审软件研制任务书。

⑦ 评审软件评测任务书。

⑧ 评审软件系统测试计划。

软件系统分析与设计阶段应由交办方组织进行外部评审。

11.2　软件需求分析

1．任　务

以软件配置项为单位独立开展软件需求分析工作。

根据软件研制任务书，细化、确定被开发软件的功能、性能、接口、可靠性、安全性以及运行环境等要求，编写软件需求规格说明、软件开发计划、软件质量保证计划和软件配置项测试计划。

在软件安全性方面，承制方应根据软件研制任务书中的安全性要求，明确软件的安全性需求并进行标识，对软件研制任务书中规定的系统级安全性要求建立追踪关系。

承制方应与交办方和使用方及时沟通，编制出详细完整、可操作性强的软件需求规格说明。

2．实施步骤

① 根据软件研制任务书，分析、细化对软件的功能、性能、数据、接口、人机界面和可靠性等要求，对每一项需求进行标识。

② 分析和确定软件开发和运行环境。

③ 分析和确定软件设计约束条件和设计准则。

④ 根据软件研制任务书中提出的软件安全性要求，结合通用的软件安全性要求，确定每一项软件安全性需求并进行标识。

⑤ 建立每项软件需求对软件研制任务书中相关要求的追踪关系，特别是每项软件安全性需求的追踪关系。

⑥ 将上述分析结果按规范化的格式要求编写成软件需求规格说明。

⑦ 编制软件开发计划和软件质量保证计划，确定项目质量要求，并分解为对软件

开发各阶段的要求。

⑧ 策划本项目的配置管理工作,编写软件配置管理计划。

⑨ 策划本项目的安全性工作和软件验证与确认工作,写入软件开发计划。

⑩ 开展软件配置项测试的计划和设计工作,编写软件配置项测试计划。

⑪ 当需要时,开展软件使用性文档的编写工作,包括计算机系统操作员手册、软件用户手册、软件程序员手册和固件保障手册等。

3. 阶段产品

① 软件需求规格说明。

② 软件接口需求规格说明。

③ 软件开发计划。

④ 软件质量保证计划。

⑤ 软件配置管理计划。

⑥ 软件配置项测试计划。

阶段产品应进入配置管理库。

4. 主要技术要求

① 软件需求规格说明应包括软件所采用的与业务相关的数学模型、处理流程、容错和异常处理要求。

② 选择适合的方法正确而恰当地定义软件的功能、性能等所有软件需求。当使用结构化方法时,应主要采用数据流图(DFD)、控制流图(CFD)、状态转换图(STD)、处理说明与数据字典(DD)等方法来表示有关功能、信息模型。当使用面向对象方法时,应主要采用用况图、顺序图、状态图、类图、包图等方法来表示有关功能、信息模型。

③ 功能需求的定义应包括每项功能的目的、输入、处理和输出,并覆盖所有异常情况的处理要求和应急措施。

④ 对软件的处理时间、吞吐量和占用空间等进行初步分析。

⑤ 应列出所有不希望的事件及其处理要求或措施。

⑥ 应建立软件需求与软件研制任务书之间的追踪关系。

⑦ 软件需求规格说明编制的质量要求:

➤ 完整性:包括全部有意义的功能、性能、设计约束和外部接口方面的需求描述,所有可能环境下的各种可能的输入数据定义,以及合法和非法输入数据的处理方案等;

➤ 准确性:对软件需求的描述要明确无误,保证每一项需求只有一种解释,不能有二义性;

➤ 一致性:各项需求的描述不矛盾,所采用和描述的概念、定义、术语统一化、标准化;

➤ 可验证性:不使用不可度量的词(如:"通常""一般""基本"等)描述需求,保证描述的每一项需求都能通过检查判断是否满足;

➢ 可追踪性:软件需求规格说明中提出的软件需求,向上可追溯到软件研制任务书或软件系统设计说明。

⑧ 软件开发计划应满足软件研制任务书的进度要求和其他要求。

⑨ 软件配置管理计划、软件质量保证计划应与软件开发计划协调一致。

⑩ 软件配置项测试计划中应建立测试对需求的追踪关系。

⑪ 在软件需求分析阶段应由交办方组织对软件需求分析阶段产品进行外部评审,评审人员由交办方和承制方共同确定,以保证双方对软件需求理解的一致性和准确性。

⑫ 承制方在未经交办方同意前,不应单方面改变已通过外部评审正式确认的软件需求规格说明中的功能、性能等要求;交办方在未经承制方同意前,不应单方面改变对软件功能、性能等的要求。

⑬ 如果需要给软件使用人员或二次开发人员提供使用性文档(例如:计算机系统操作员手册、软件用户手册、固件保障手册等),那么应该从本阶段开始这些使用性文档的编写工作,并随着设计和实现工作的开展不断进行细化和完善。这些使用性文档应提交给软件评测方进行评测,通过测试加以确认并进一步完善。软件使用性文档在软件验收交付时应作为软件产品的一部分进行验收交付。

5. 验证与确认

① 对软件需求的完整性、准确性、一致性、可验证性和可追踪性进行评估。

② 对安全关键功能的时间、吞吐量和空间进行分析与评估。

③ 对关键需求与系统安全性要求的一致性进行分析。

④ 对软件需求分析阶段的产品应进行外部评审。

11.3 软件概要设计

1. 任 务

根据软件需求规格说明,设计软件的结构,划分并定义软件部件以及各部件的数据接口、控制接口,设计全局数据库和数据结构,编写软件概要设计说明和软件部件测试计划。

在安全性方面应遵循软件可靠性、安全性设计准则,确定可用的软件安全性设计方法,将软件需求分析中确定的全部软件安全性需求落实到软件概要设计中,确定关键的计算机软件部件并进行标识,建立安全性设计与软件需求规格说明中规定的软件安全性需求的追踪关系。

2. 实施步骤

① 进行软件结构设计、定义软件部件,把软件需求规格说明中描述的功能分配到每个部件,并定义各部件间的关系。

② 当部件包括子部件时,应对它进行进一步分解。

③ 设计全局数据结构(包括数据库),给出所需的模型及所采用的算法原理(算法逻辑模型)。

④ 设计各部件间的数据流和控制流。

⑤ 给出各个部件的功能描述、数据接口和控制接口描述、外部文件及全局数据定义。

⑥ 遵循软件可靠性和安全性设计准则,对各部件进行可靠性和安全性设计。

⑦ 确定实现安全关键需求的关键部件并进行标识,追踪安全关键需求在这些部件上的实现。

⑧ 建立每个软件部件对每项软件需求的追踪关系,特别是每个关键软件部件对每项软件安全关键需求的追踪关系。

⑨ 编制软件概要设计说明,若需要则还要编写接口设计说明、数据库设计说明。

⑩ 开展软件部件测试的计划和设计工作,编写软件部件测试计划。

3．阶段产品

① 软件概要设计说明。

② 软件部件测试计划。

阶段产品应进入配置管理库。

4．主要技术要求

① 各部件间应满足低耦合度要求,各部件内应满足高内聚度要求,部件的作用范围应在其控制范围之内。

② 各部件应功能单一,部件接口的复杂性要低。

③ 各部件的功能和接口要求应完整、正确。

④ 设计要满足设计约束条件和有关设计准则的要求。

⑤ 应限制关键部件与其他部件的交互,实现关键数据与其他数据的隔离,并对它们实施保护。

⑥ 设计应满足可靠性和安全性要求。

⑦ 设计应满足数据安全保密要求。

⑧ 应使用追踪表等形式清晰明了地说明软件部件和软件需求之间的追踪关系。

5．验证与确认

① 对安全关键需求的下行流向进行追踪分析,重点是关键软件部件和软件安全关键需求之间的流向追踪分析。

② 对概要设计的设计逻辑、数据、接口进行分析和复核。

③ 对关键部件与非关键部件之间的独立性进行审查。

④ 对安全关键功能的处理时间、吞吐量和占用空间等进行分析。

⑤ 对软件概要设计阶段的产品应进行评审,评审的实施方法参见相关软件评审细则。

11.4 软件详细设计

1. 任 务

对软件概要设计中产生的部件进行细化,划分软件单元,定义单元之间的相互关系,描述程序算法和数据结构,为编写源代码提供必要的说明。编写软件详细设计说明和软件单元测试计划。

2. 实施步骤

① 复核软件概要设计,确定所有部件的功能及详细的接口信息。

② 将软件概要设计产生的软件部件逐步细化,划分并定义软件单元。

③ 确定各单元之间的数据流和控制流,确定每个单元的输入、输出和处理功能。

④ 对各个单元进行过程描述,确定单元内的算法及数据结构。

⑤ 遵循软件可靠性和安全性设计准则,开展各单元的可靠性和安全性设计。

⑥ 确定实现安全关键需求的关键单元并进行标识,追踪安全关键需求在这些单元上的实现。

⑦ 确定编程风格和编程准则。

⑧ 建立每个软件单元对每个软件部件和每项软件需求的追踪关系,特别是每个关键软件单元对每项软件安全关键需求的追踪关系。

⑨ 编写软件详细设计说明。

⑩ 开展软件单元测试的计划和设计工作,编写软件单元测试计划。

3. 阶段产品

① 软件详细设计说明。

② 软件单元测试计划。

阶段产品应进入配置管理库。

4. 主要技术要求

① 软件详细设计应控制每个单元的复杂度,使每个软件单元的圈复杂度不大于 10。

② 应通过设计使各单元间满足低耦合度要求,各单元内满足高内聚度要求,使每个软件单元的扇出数小于 7。

③ 应规定编码符号的使用规则,确定命名规则和重要标识信息的全局定义。

④ 软件详细设计应使各单元的功能单一、单元接口的复杂性低。

⑤ 详细规定各单元之间的接口,包括共享外部数据、参数的形式和传送方式、上下层的调用关系等。

⑥ 应详细描述每个单元的所有输入、输出和处理功能。

⑦ 每个软件单元应只有一个人口和一个出口。

⑧ 设计要满足设计约束条件和有关设计准则的要求。

⑨ 应使用追踪表等形式说明软件单元和软件部件之间的追踪关系。

5．验证与确认

① 对安全关键需求的下行流向进行追踪分析,重点是关键软件单元和软件安全关键需求之间的流向追踪分析。

② 对详细设计的设计逻辑、数据、接口进行分析和复核。

③ 对关键单元与非关键单元之间的独立性进行审查。

④ 对安全关键功能的处理时间、吞吐量和占用空间等进行分析。

⑤ 对该阶段的阶段产品进行评审,评审的实施参照相关软件评审细则。

11.5　软件编码和单元测试

1．任　务

根据软件详细设计说明,对各软件单元进行编码、调试、代码审查,并按照相关软件测试细则进行软件单元测试。

2．实施步骤

① 依据软件详细设计说明,用指定的编程语言对每个软件单元进行编程,特别是要将每个关键的计算机软件单元需实现的软件安全性需求通过编程加以实现。

② 对完成编码的源程序进行静态分析,重点是软件源程序质量度量、编程准则和编程风格检查。

③ 对完成静态分析的源程序进行代码审查,对发现的语义和逻辑等方面的问题进行更动。

④ 形成软件源程序清单。

⑤ 修订软件单元测试计划,编写软件单元测试说明。

⑥ 开发单元测试辅助程序,例如:驱动程序和桩程序等。

⑦ 按照软件单元测试计划、软件单元测试说明和相关软件测试细则进行软件单元测试,对软件测试中发现的问题进行分析,并对更动后的软件单元重新进行测试。

⑧ 编写软件单元测试报告。

3．阶段产品

① 通过单元测试的软件源代码。

② 软件单元测试说明(含有关测试辅助程序和数据)。

③ 软件单元测试记录。

④ 软件单元测试问题报告。

⑤ 软件单元测试报告。

阶段产品应进入配置管理库。

4. 主要技术要求

① 用指定的编程语言,按照相关软件设计和编程指南的有关要求进行编码。

② 每个软件单元实现的功能、性能和接口应满足详细设计的要求。在关键单元中应通过注释或其他机制说明它实现的安全关键需求。

③ 软件在完成调试后应及时清除程序中用于调试的多余语句和程序"垃圾"。

④ 按软件测试细则的规定进行软件静态分析和软件代码审查,应使用软件静态分析工具进行静态分析,使用软件代码审查单进行软件代码审查。

⑤ 被测软件单元的每个测试项应至少被一个正常的测试用例和一个被认可的异常测试用例覆盖。

⑥ 不仅要对合法的输入设计测试用例,而且要针对非法的、非预期的输入设计测试用例;既要对正常的处理路径进行测试,也要对出错处理路径进行测试。

⑦ 软件单元在更动后,应重新进行单元测试。

5. 验证与确认

① 对软件源程序进行代码审查。

② 对单元测试用例进行审查。

③ 对关键单元的测试计划、测试说明、测试记录、问题报告、测试报告以及整个单元测试过程(包括测试结果、软件更动、回归测试)进行评审。

11.6 软件部件测试

1. 任 务

软件部件测试阶段需要完成两方面工作:一方面是软件部件集成工作,即按照软件概要设计说明和软件详细设计说明中规定的软件结构,将软件单元逐步集成为软件部件直至软件配置项;另一方面是软件部件测试工作,重点检查软件单元之间和软件部件之间的接口和工作的协调性。以上两方面工作应结合在一起完成,在完成软件部件集成工作的同时,完成软件部件测试工作。

2. 实施步骤

① 进一步完善软件部件测试计划,编写软件部件测试说明并通过评审。

② 开发部件测试辅助程序,例如:驱动程序或桩程序等。

③ 按照软件概要设计确定的软件总体结构和划分出的软件部件,将软件单元逐步集成为软件部件直至软件配置项。

④ 按照软件部件测试计划、软件部件测试说明和软件测试细则进行部件测试。

⑤ 对测试中发现的问题进行分析,经批准后进行更动,对更动后的软件部件进行回归测试。

⑥ 编写软件部件测试报告。

3．阶段产品

① 通过部件测试的软件源代码。

② 软件部件测试说明(含有关测试辅助程序和测试数据)。

③ 软件部件测试记录。

④ 软件部件测试问题报告。

⑤ 软件部件测试报告。

阶段产品应进入配置管理库。

4．主要技术要求

① 采用增量式自底向上和(或)自顶向下的软件集成方法。

② 各软件部件的功能和性能满足设计要求,各部件能协调一致工作。

③ 软件部件测试的重点之一是检查软件单元之间和软件部件之间的接口,要求达到100％的调用对测试覆盖。

④ 软件部件在更动后应重新进行相关单元的单元测试和部件回归测试。

⑤ 通过部件测试的软件应满足:

➢ 软件单元无错误地连接;

➢ 软件结构符合软件设计要求;

➢ 对错误输入有正确处理的能力;

➢ 满足全部操作要求,包括启动、从外部设备输入数据、程序装入、重新启动、在各种显控台上的控制操作和显示等。

5．验证与确认

对软件部件测试阶段的产品以及整个部件测试过程(包括测试结果、软件更动、回归测试)进行评审。

11.7　软件配置项测试

1．任　务

软件配置项测试的目的是确认该软件配置项是否达到了软件需求规格说明所规定的各项要求,是否可以进行软件配置项验收交付和参加后续的软件系统测试。

软件承制方应根据软件需求规格说明中定义的全部需求及软件配置项测试计划,开展软件配置项测试工作。

2．实施步骤

① 修订软件配置项测试计划。

② 编制软件配置项测试说明。

③ 评审软件配置项测试计划和软件配置项测试说明。

④ 建立和确认软件测试环境。

⑤ 依照软件配置项测试计划、测试说明和软件测试细则实施软件配置项测试。

⑥ 对测试中发现的问题进行分析,经批准后进行更动,对更动后的软件配置项进行回归测试。

⑦ 编写软件配置项测试报告。

⑧ 完成使用性文档的编写。

⑨ 编写软件版本说明和软件产品规格说明。

3. 阶段产品

① 通过软件配置项测试的软件源代码和可执行代码。

② 软件配置项测试说明(含有关测试辅助程序和测试数据)。

③ 软件配置项测试记录。

④ 软件配置项测试问题报告。

⑤ 软件配置项测试报告。

⑥ 软件版本说明。

⑦ 软件产品规格说明。

⑧ 软件用户手册。

⑨ 软件程序员手册(如需要)。

⑩ 固件保障手册(如需要)。

⑪ 计算机系统操作员手册(如需要)。

阶段产品应进入配置管理库。

4. 主要技术要求

① 软件配置项测试环境应尽可能与软件真实运行环境一致或等效。

② 软件配置项测试应覆盖软件需求规格说明中规定的所有需求,特别是软件安全性需求。软件配置项安全性测试要覆盖全部软件安全性需求,核实它们是否正确实现,保证软件的安全功能在指定条件下(包括极端条件)、非正常状态下和高负载条件下均能满足相应要求。

③ 在软件配置项测试计划、测试说明和测试报告中要建立测试用例对软件需求、测试结果对测试用例的追踪关系,特别是测试用例对软件安全关键需求的追踪关系。

④ 应分析测试中发现的问题,提出更动方案,经批准后进行更动。对更动后的软件应重新进行相关的单元测试、部件测试和配置项级的回归测试。

5. 验证与确认

在软件配置项测试前应进行软件配置项测试说明和测试就绪评审,在软件配置项测试完成后应进行软件配置项测试阶段外部评审。

11.8 软件系统测试

1. 任 务

软件系统测试的目的是在任务环境下测试软件系统各软件配置项之间是否能协调工作,是否符合软件系统设计说明的要求。

软件系统测试阶段应完成两方面工作:一方面是软件配置项集成工作,即按照软件系统设计说明中规定的软件系统结构,将各软件配置项集成为相应级别上的软件系统;另一方面是软件系统测试工作,重点考核各软件配置项是否能够协调正确工作,检查各软件配置项之间的接口,包括数据流、控制流、时序关系和接口信息协议等。在完成软件配置项集成工作的同时,完成软件系统测试工作。

根据系统的规模和复杂程度不同,系统可能会进行层次分解。因此,软件系统测试工作应根据系统层次分解的情况相应地开展不同层次的软件系统测试,例如:分系统级和系统级两个级别的软件系统测试。

2. 实施步骤

① 修订软件系统测试计划。

② 编制软件系统测试说明。

③ 评审软件系统测试说明。

④ 建立和确认软件系统测试环境。

⑤ 依照软件系统测试计划、软件系统测试说明和软件测试细则实施软件系统测试。

⑥ 对测试中发现的问题进行分析并提出更动方案,经批准后进行更动,对更动后的软件系统重新进行测试。

⑦ 编写软件系统测试报告。

3. 阶段产品

① 通过系统测试的软件源代码和可执行代码。

② 软件系统测试说明。

③ 软件系统测试记录。

④ 软件系统测试问题报告。

⑤ 软件系统测试报告。

4. 主要技术要求

① 软件系统测试的重点之一是测试软件配置项与软件配置项之间的协调性。

② 测试应在软件所属系统的正式工作环境上进行,当正式工作环境不具备测试条件时,可以在模拟环境下进行。

③ 在软件系统测试中应覆盖软件系统设计说明和软件研制任务书中规定的所有

要求。

④ 在相应的软件系统测试报告中，应建立测试用例对软件系统设计说明和软件研制任务书中所有要求的追踪关系。

⑤ 应分析测试中发现的问题，对更动后的软件应重新进行相关的测试，并应进行再一次的软件系统测试。

5．验证与确认

在软件系统测试前应进行软件系统测试说明和测试就绪评审，在软件系统测试完成后应进行软件系统测试阶段外部评审。

第 12 章　软件编程规则

软件编程阶段的任务是利用所选定的编程语言把详细设计阶段所细分的软件单元及对每个软件单元所作的接口设计、数据设计和处理过程的逻辑设计转化成计算机能够"理解"的代码形式。

软件编码应遵循一定的编码规则,这些规则是因所选编程语言的不同而不同。对于安全性关键软件还要制定安全性专用的编码规则,这些规则将识别安全性关键代码注解的需求和对可能降低软件安全性的某些语言特征的使用进行限制。

1. 一般准则

① 可追踪性:欲编码的每个软件单元应源自详细设计所分解的功能模块。

② 完备性:每个软件单元的代码应对应于设计时所定义的处理,并有相同的控制逻辑结构。

③ 独立性:每个软件单元的代码应对应于一独立编译单位。每个软件单元应有单一的功能。

2. 数据规则

① 设计所标识的数据在代码中应有相同的名字。

② 变量和常数的助忆符应代表它们的物理和功能特性。

③ 语言关键字和保留字绝不能用作变量名。

④ 一个变量应有,且只能有一个名字。

⑤ 禁用变量等价和无名公用区。

⑥ 一致性:所有数据应在一个说明块中给出一个显式类型(除循环变量外);按一个特定类型所定义的数据,当每次使用时均应按此类型使用。

⑦ 代数变量的单位应选择成与此变量的所有使用相一致。

⑧ 所有变量均须在其说明处加注释。

⑨ 所有变量均应显式初始化,此初始化应在其首次使用前完成,如果变量在函数执行内部初始化或者在一迭代处理中重复初始化就会降低效率。

⑩ 缺省值应定义。

⑪ 尽量避免使用全局数据,软件单元之间的数据通信尽可能使用参数传递方法。

⑫ 同一表达式中所使用的变量类型不应混用。在表达式求值前应显式完成转换。

3. 处理规则

① 禁止对代码作动态修改。

② 避免使用复杂的编程技巧。

③ 为提高执行效率和存储效率,可以使用特殊结构,在整个软件单元中应该用清晰、简单明了的注释说明此结构。

④ 每个软件单元只能有一个入口和一个出口。

⑤ 在算术表达式中应尽量使用括号。

⑥ 代码应结构化。

⑦ 因为在一个软件单元中路径或分支愈多,其复杂性也就愈大,所以应设法减少软件单元中的条件语句或循环语句的个数;条件语句的编码应高效率。

⑧ 控制结构应完整;对每个条件点的所有条件和处理均应定义;当一条件测试成功时,应预见所有假定不可能的情况重新合成为"其他情况"。

⑨ 循环变量只能由专门的循环控制语句修改,不能由循环体内所执行的其他处理所修改(修改控制变量不仅使软件单元的逻辑变得复杂,而且会给测试带来严重问题)。

⑩ 与循环无关的计算要放在循环体外。

⑪ 因与完成有关功能无关的可执行代码段是无效的,且耗费存储空间,有时可能会招致意外的、不确定的后果,故应删除此类代码段。

4. 调用规则

① 调用序列应遵循下列规则:接口应是显式参数,入/出参数应按约定顺序存放(如:输入、输出、状态码)。

② 为了处理层次化,所交换的数据应遵循下列原则:控制参数应由调用者定义、输入数据应由调用者定义、输出数据应由调用者定义、控制要返回至调用者。

5. 异常处理规则

① 当一个软件单元的输入数据会影响处理的进展(选择变量或循环变量),或者有发生溢出(表的长度、数组下标、除数、开平方)危险的情况时,应对这些数据的定义域进行检查。

② 关于"比较"的建议:比较门限应测试上溢,且不应等于上、下门限。

③ 与特殊值或决策表有关部分的活动应测试所有值。

④ 在开始处理前要检查每个输入。为了避免在发现不完整的或不正确的输入数据之前走过了若干处理步,在处理开始前要完成对所有输入数据的检查。

⑤ 在处理期间要检查"关键"输出参数的合理性。

⑥ 当有一错误时,要把一错误码返回给调用者。

⑦ 任何调用低层软件单元者应该测试由此被调用者所返回的状态码;若为错误,此调用者则应执行或调用异常处理过程。此规则也适用于对系统服务例程的调用。

6. 表示法规则

① 软件单元的规模应受限制(如软件单元的规模一般不大于 60 源代码行、最多 200 源代码行)。

② 软件单元应按块方式组织:首部块(描述此软件单元的引言)、数据块(包含全局数据和私有数据)、初始化块(对变量赋初值)、处理块(包含全部可执行代码)。

③ 标号的规则:应该遵循对标号的约定;软件单元内部的标号的作用是允许当控制结构编码时作必要的分支,标号也仅用于此种情况;若使用数字标号,则应按它出现的顺序编号。

④ 代码缩进应使代码易读,应指出的是,在处理块中基本的结构应是顺序、选择、迭代(缩进格式),这些基本结构应以可读、易识别为原则。

⑤ 代码愈结构化,其自描述性就愈好。

⑥ 不要把多条语句写在一行代码中。

⑦ 应区别处理下列 3 类注释:软件单元的注释、单元内部代码段的注释、单个语句的注释。每个软件单元首部的注释建议用表 12.1 所列的内容。

表 12.1 软件单元首部注释

名字	软件单元标识符	
作用	用途和功能	
类型	(子)例程/函数/过程	
输入	文件名或输入参数表	
输出	文件名或返回值参数表	
被调者	扇出软件单元名	
语言	编程语言	
版本号	Vx.yz	
生成者		日期
修改者		日期

⑧ 应广泛使用注释,其目的是说明代码逻辑:构成顺序代码段的任何语句组都应引入注释,描述该段的功能和逻辑(其命名规则应与详细设计文档中相同)。

⑨ 注释应按功能观点书写,应清楚地解释该代码,主要指出它是干什么的、如何干的,以及何时干的。注释不要重复,使每个注释都有用。

7. 编程风格

① 应使用结构化或面向对象的编码技术。

② 清晰,而不过于追求技巧。

③ 遵循命名规则,选用不易混淆的名字。

④ 调用公用例程(函数、过程),不要重复表达。

⑤ 尽量避免使用临时变量。

⑥ 用缩进法划定语句组。

⑦ 不要修补糟糕的程序,直接重编。

⑧ 对递归定义的数据结构采用递归过程。

⑨ 检验输入数据的合法性和合理性。

⑩ 对于标识错误的输入,尽可能纠正。

⑪ 用统一的方式处理文件结束标志。

⑫ 使输入数据易准备、输出数据易理解。

⑬ 使用统一的输入格式。

⑭ 使输入数据易校对。

⑮ 确保所有变量在使用前已初始化。

⑯ 在分支语句中,注意等号与不等号的使用。

⑰ 禁止循环多重出口。

⑱ 不要对浮点数作相等比较。

⑲ 别贪"效率"之小利,而忘程序之清晰、简单。

⑳ 使变量名、语句标号有意义。

㉑ 使语句的排列能说明程序的逻辑结构。

㉒ 注释别太少或太多(约 1/4)。

第 13 章　PLC 软件编程

IEC 61131-3 是国际电工委员会(IEC)于 1993 年 12 月所制定 IEC 61131 标准的第 3 部分,约定了 PLC 编程遵循的国际统一规范。在 IEC 61131-3 架构之下,各主流 PLC 制造商开发了 PLC 编程软件。STEP 7 是 SIEMENS 用于 SIMATIC PLC 组态和编程的标准软件包,是 SIMATIC 工业软件的组成部分。

13.1　CPU 中的程序

在一个 CPU 中,有两种不同的程序总会被执行,分别是操作系统和用户程序。

1. 操作系统

每个 CPU 都有一个操作系统,用以组织与特定的控制任务无关的 CPU 的功能和顺序。操作系统的任务包括:

① 处理暖起动和热起动。

② 刷新输入的过程映像表并送出输出的过程映像表。

③ 调用用户程序。

④ 检测中断并调用中断 OB。

⑤ 检测并处理错误。

⑥ 管理存储区域。

⑦ 与编程设备和其他通信伙伴之间的通信。

如果修改了操作系统的参数(操作系统的缺省设置),则会影响 CPU 在某些区域的操作。项目结构如图 13.1 所示。

2. 用户程序

用户程序是由用户自行编制生成并下载到 CPU 中的,其包含处理用户特定的自动控制任务所需要的所有功能。

CPU 连续地执行用户程序,控制一个任务或过程。利用 STEP 7 可以建立用户程序并把它下载到 CPU。CPU 程序由 3 个基本元素构成:主程序、子程序(可选)和中断程序(可选)。在主程序中,可以调用不同的子程序或中断程序。

S7200PLC 程序由下面的元素来组织:

① 主程序是程序的主体,在其中放置控制应用指令,主程序中的指令按顺序在 CPU 的每个扫描周期执行一次。

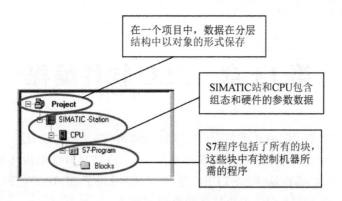

图 13.1　项目结构

② 子程序是程序的可选部分,只有当主程序调用它们时,才能够执行。

③ 中断程序是程序的可选部分,只有当中断事件发生时,才能够执行。

图 13.2 所示为包含子程序和中断程序的 SIMATIC FBD 程序。

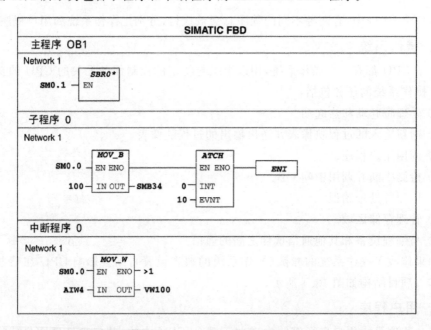

图 13.2　包含子程序和中断程序的 SIMATIC FBD 程序

用户程序的任务包括:

① 指定在 CPU 上暖起动和热起动的条件(如带有某个特定值的初始化信号)。

② 处理过程数据(如二进制信号的逻辑组合、读入并处理模拟信号、为输出指定二进制信号、输出模拟值)。

③ 指定对中断的响应。

④ 处理程序正常运行中的干扰。

13.2　PLC 常用编程语言

PLC 常用编程语言有梯形逻辑图、语句表、功能块图。

梯形逻辑图(或 LAD)是 STEP 7 编程语言的图形表达方式。它的指令语法与一个继电器的梯形逻辑图相似：当电信号通过各个触点、复合元件以及输出线圈时,使用梯形逻辑图可以追踪电信号在电源示意线之间的流动。

语句表(或 STL)是 STEP 7 编程语言的文本表达方式,与机器码相似。如果一个程序是用语句表编写的,当 CPU 执行程序时则按每一条指令一步一步地执行。为使编程更容易,语句表已进行扩展,还包括一些高层语言结构(例如,结构数据的访问和块参数)。

功能块图(FBD)是 STEP 7 编程语言的图形表达方式,使用与布尔代数相类似的逻辑框来表达逻辑。复合功能(如数学功能)可用逻辑框相连直接表达。

13.3　自动控制项目软件设计解决方案

自动控制项目功能实现是在硬件配置架构的物理基础之上,通过软件驱动实现测控功能的。本节以 SIEMENS SIMATIC STEP 7 为平台,简要介绍自动控制项目软件设计过程。

当应用 STEP 7 创建一个自动化解决方案时,有一系列的基本任务。图 13.3 所示为大多数项目需要执行的任务,把这些任务分配到基本程序中。自动控制项目构建顺序如图 13.3 所示。

使用 STEP 7 软件可以在一个项目下生成 S7 程序。S7PLC 包括一个供电单元、一个 CPU 以及输入输出模板。PLC 使用 S7 程序监视和控制机器设备。在 S7 程序中通过地址寻址 I/O 模板。自动控制项目软硬件配置如图 13.4 所示。

下面基于一个工业搅拌过程自动控制示例,概要介绍当采用 PLC 设计一个自动控制项

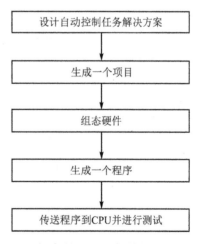

图 13.3　自动控制项目构建顺序

目时,软件开发设计所要进行的基本过程。设计一个自动控制项目软件的方法有很多,可用于任何项目的软件通用开发步骤如图 13.5 所示。

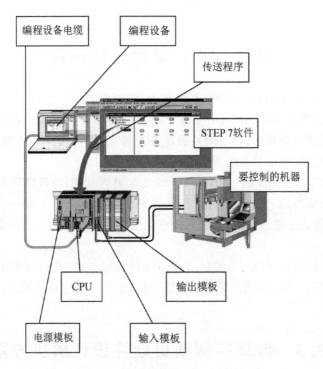

图 13.4　自动控制项目软硬件配置

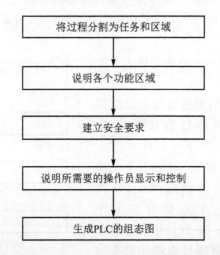

将过程分割为任务和区域

说明各个功能区域

建立安全要求

说明所需要的操作员显示和控制

生成PLC的组态图

图 13.5　自动控制项目软件通用开发步骤

1. 将过程分割为任务和区域

一个自动化过程包括许多单个的任务。通过识别一个过程内的相关任务组,将这些任务组再分解为更小的任务,即使最复杂的过程也能够被定义。图 13.6 所示的工业搅拌过程示例可以用于说明如何将一个过程构造为功能区域和单个的任务。

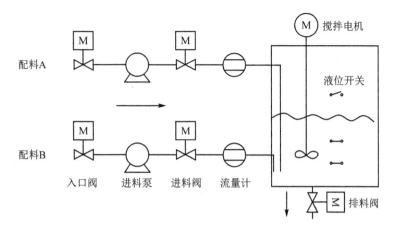

图 13.6　工业搅拌过程示例

在定义了要控制的过程之后,将项目分割成相关的组或区域,如图 13.7 所示。

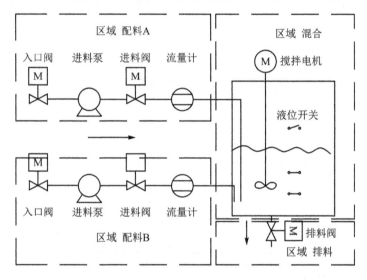

图 13.7　区域划分

由于每组被分解为小任务,因此控制过程在这一部分所要求的任务就不那么复杂了。在工业搅拌过程示例中,可以看到四个不同的区域(见表 13.1),配料 A 区域与配料 B 区域中包含的设备相同。

表 13.1　功能区域分解

功能区域	包含设备
配料 A	配料 A 的进料泵、配料 A 的入口阀、配料 A 的进料阀、配料 A 的流量传感器
配料 B	配料 B 的进料泵、配料 B 的入口阀、配料 B 的进料阀、配料 B 的流量传感器
混合罐	搅拌电机、罐液位测量开关
排料	排料阀

2. 说明各个功能区域

(1) 功能区分和任务分解

当说明过程中的各个区域和任务时,不仅要定义每个区域的操作,而且要定义控制该区域的各种组件,包括:

① 每个任务的电的、机械的和逻辑的输入和输出。

② 各个任务的互锁和相关性。

在工业搅拌过程示例中使用泵、电机和阀门,必须对这些设备作精确描述,以识别其操作特性和操作过程所要求的互锁类型。图 13.8 是对工业搅拌过程中使用的设备的描述。在完成说明后,还可以用它来订购所需要的设备。

(2) 绘制 I/O 图

在为每个要控制的设备写出物理说明后,为每个设备或任务区域绘出 I/O 图,如图 13.9 所示。这个图对应于要编程的逻辑块。

进料泵电机
进料泵电机传送配料A和B到混合罐: 流速: 400 r/min(100 gal)/min; 速率: 1 200 r/min, 100 kW(134马力)
进粒泵由混合罐附近的操作员站控制(启动/停止)。启动的次数被计数以便进行维护。计数器和显示都可以由一个按钮复位
对进料泵进行操作必须满足以下条件: 混合罐不满; 混合罐的排料阀关闭; 紧急关断未动作
如果满足下列条件, 则进料泵被关断: 在进料泵电机启动7 s后流量传感器仍指示没有流量; 流量传感器指示流动已停止

(a) 进料泵电机

搅拌电机
搅拌电机在混合罐中混合配料A和配料B: 速率: 1 200 r/min, 100 kW(134马力)
搅拌电机由混合罐附近的操作员站控制(启动/停止)。启动的次数被计数以便进行维护。计数器和显示都可以由一个按钮复位
对搅拌电机进行操作必须满足以下条件: 罐液位传感器没有指示"罐液位低于最低限"; 混合罐的排料阀是关闭的; 紧急关断未动作
如果满足下列条件, 则搅拌电机被关断: 在搅拌电机启动后的10 s内转速计未指示已达到额定速度

(b) 搅拌电机

图 13.8 功能区组件特性分解

排料阀
排料阀让混合物排出(靠重力排出)到过程的下一阶段。阀门是带有弹簧的螺线管: 如果螺线管动作则送出阀打开; 如果螺线管不动作则送出阀关闭
送出阀由一个操作员站控制(打开/关闭)
若满足以下条件,则排料阀可以打开: 搅拌电机关断; 罐液位传感器未指示"罐空"; 紧急关断未动作
如果满足下列条件,则排料阀被关闭: 罐液位传感器指示"罐空"

(c) 排料阀

罐液位测量开关
混合罐中的罐液位测量开关指示罐的液位高度,用于联锁进料泵和搅拌电机

(d) 罐液位测量开关

图 13.8　功能区组件特性分解(续)

1) 为电机生成一个 I/O 图

在这个工业搅拌过程示例中使用了两个进料泵和一个搅拌电机。每个电机由"电机块"控制,而这个"电机块"对三个设备来说都是一样的。该逻辑块需要六个输入:两个用于启动或停止电机,一个用于复位维护显示,一个用于电机的响应信号(电机运行/未运行),一个用于运行期间必须接收的响应信号,一个用于流量时间的定时器的号码。逻辑块还需要四个输出:两个指示电机的操作状态,一个指示故障,一个指示电机应维护了。此外,还需要一个入/出参数启动电机,它被用作控制电机但同时也在"电机块"的程序中被编辑并修改。电机的 I/O 图如图 13.10 所示。

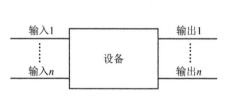

图 13.9　I/O 图

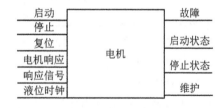

图 13.10　电机的 I/O 图

2) 为阀门创建一个 I/O 图

每个阀门由"阀门块"控制,该块对所有的阀门来说都是一样的。该逻辑块有两个输入:一个用来打开阀门,一个用来关闭阀门。它还有两个输出:一个用于指示阀门是打开的,另一个用于指示阀门是关闭的。该块有一个入/出参数用于启动该阀门,它被用作控制阀门但同时也在"阀门块"的程序中被编辑和修改。阀门的 I/O 图如图 13.11 所示。

图 13.11　阀门的 I/O 图

3．建立安全要求

根据法定的要求及公共健康和安全政策,确定为确保过程安全还需要哪些附加组件。在描述中还应包括这些安全组件对过程区域的任何影响。

(1) 定义安全要求

确定哪些设备需要硬件接线电路以达到安全要求。通过定义,这些安全电路的操作独立于 PLC 之外(虽然安全电路通常提供一个 I/O 接口以便与用户程序相配合)。通常要组态一个矩阵来连接每一个执行器,这些执行器都有自己的紧急断开范围。这个矩阵是安全电路的电路图的基础。

要设计安全机制可按如下进行:

① 识别会造成危害的不适合或不希望的执行器操作。

② 识别那些保证不危险操作的条件,并决定如何独立于 CPU 检测这些条件。

③ 识别当控制对象得电或断电时 CPU 和 I/O 如何影响控制对象,识别何时错误被检测出来。此信息只能用于常规的和希望的异常处理操作,不能用来保证安全操作。

④ 设计独立于 CPU 的手动或机电冗余来阻止危险操作。

⑤ 向 CPU 提供独立电路的适当的状态信息,以便于程序和操作员界面得到所需要的信息。

⑥ 识别其他的和控制对象操作有关的安全要求。

⑦ 决定每个自动化任务之间逻辑的和机械的/电的互锁。

⑧ 设计电路使得属于过程的设备可以在紧急情况下手动操作。

⑨ 为过程的安全操作建立更进一步的安全要求。

(2) 建立安全电路

在工业搅拌过程示例中使用了以下逻辑作为它的安全电路:

① 一个紧急断开开关可独立于 PLC 之外关掉以下设备:

➤ 配料 A 的进料泵;

➤ 配料 B 的进料泵;

➤ 搅拌电机;

➤ 阀门。

② 位于操作员站的紧急断开开关。

③ 一个用于指示紧急断开开关状态的控制器的输入。

4. 说明所需要的操作员显示和控制

每个过程需要一个操作接口,使得操作人员能够对过程进行干预。设计技术规范的部分包括操作员站的设计。

根据功能描述的要求建立操作员站的配置图,包括与控制对象或机器有关的操作员站的位置总图、操作员站的设备图(显示、开关、指示灯等)、与 CPU 或扩展模块相关的电气图等。

在示例所描述的工业搅拌过程中,每个设备都可以由操作员站上的按钮来启动或停止。这个操作员站包括用以指示操作状态的指示灯(见图 13.12)。

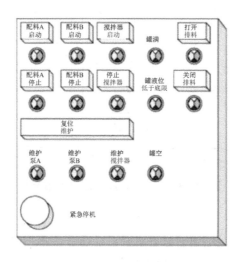

图 13.12　控制面板设计图

操作员站上还包括指示设备在经过一定次数的启动后需要维护的指示灯以及可以使过程立即停止的紧急断开开关。操作员站上还有用来复位三个电机的维护显示灯的按钮,用这个按钮可以关断用于指示电机应进行维护的维护指示灯并将相应的计数器清零。

5. 生成 PLC 的组态图

在制作了设计要求的文档后,还必须决定项目所需的控制设备的类型。通过决定使用什么样的模板也就指定了 PLC 的结构。生成一个组态图指定以下方面:

① CPU 类型。

② I/O 模板的类型及数量。

③物理输入和输出的组态。

图 13.13 为工业搅拌过程的 S7 组态的示例。

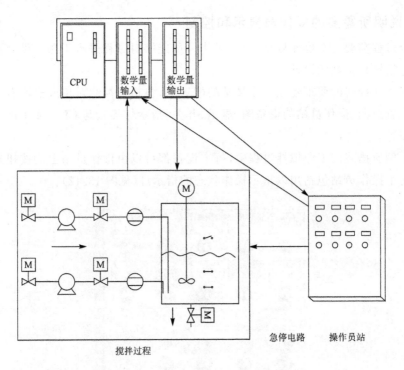

CPU

数学量
输入

数学量
输出

搅拌过程

急停电路　　操作员站

图 13.13　工业搅拌过程的 S7 组态示例

6. 建立符号表

如果选择了符号名寻址,则需要对绝对地址建立一个符号名表。符号名表不仅包括物理输入/输出信号,也包括程序当中用到的其他元件。

附录 A   工程项目设计策划书

工程项目设计策划书

工程代号：_____×× 工程_____

项目名称：_____ ×× 控制系统_____

设计部门：_____自动控制_____

批准：_____ ×× 年 ×× 月 ×× 日

审核：_____ ×× 年 ×× 月 ×× 日

编制：_____ ×× 年 ×× 月 ×× 日

×× 工程设计院

×× 年 ×× 月 ×× 日

工程项目设计策划书

项目概况	工程地点				
	建设单位			联系人	
				电话	
	参加人员				
	项目等级	□院(所)级重点　□院(所)级一般		协作单位	
	建设规模	型　　建筑面积　　　m²	工程类别	■新建　□改建　□扩建	
	项目来源	□项目　□外部项目	项目密级	□秘密　■内部　□普通	
	设计阶段	□前期论证　□方案设计　□初步设计　■施工图设计　□预算			

主要功能特性要求	控制系统总体要求:
风险管理	本策划书是自控专业策划书,风险管理按照本工程项目工程总师制定的工程项目设计策划书执行
质量目标及质量保证措施	☑优　　□良　　□合格 1) 严格执行国家、行业和地方政府的适用法律法规和标准规范; 2) 专业设计满足生态节约要求和环境管理体系要求; 3) 强化安全设计理念,有效规避设计风险; 4) 进行设计评审; 5) 加强施工图自校、校审的力度; 6) 组织设计评审、图纸审校、施工图技术交底; 7) 识别设计关键因素和薄弱环节,并确定相应措施,编制关键件(特性)、重要键件(特性)项目明细; 8) 充分考虑可靠性、维修性、保障性、测试性、安全性和环境适应性等要求; 9) 及时进行工程设计总结

工程项目设计策划书(续)

<table>
<tr><td rowspan="21">项目组人员组成</td><td colspan="2">工程总师或项目经理</td><td></td><td colspan="2">主导专业</td><td>总体工艺</td></tr>
<tr><td>专业</td><td>专业负责人</td><td>设计人</td><td>校对人</td><td>审核人</td><td>审定人</td></tr>
<tr><td>自动控制</td><td>××</td><td>××</td><td>××</td><td>××</td><td>××</td></tr>
<tr><td></td><td></td><td></td><td></td><td></td><td></td></tr>
<tr><td></td><td></td><td></td><td></td><td></td><td></td></tr>
<tr><td></td><td></td><td></td><td></td><td></td><td></td></tr>
<tr><td></td><td></td><td></td><td></td><td></td><td></td></tr>
<tr><td></td><td></td><td></td><td></td><td></td><td></td></tr>
<tr><td></td><td></td><td></td><td></td><td></td><td></td></tr>
<tr><td></td><td></td><td></td><td></td><td></td><td></td></tr>
<tr><td></td><td></td><td></td><td></td><td></td><td></td></tr>
<tr><td></td><td></td><td></td><td></td><td></td><td></td></tr>
<tr><td></td><td></td><td></td><td></td><td></td><td></td></tr>
<tr><td></td><td></td><td></td><td></td><td></td><td></td></tr>
<tr><td></td><td></td><td></td><td></td><td></td><td></td></tr>
<tr><td></td><td></td><td></td><td></td><td></td><td></td></tr>
<tr><td></td><td></td><td></td><td></td><td></td><td></td></tr>
<tr><td></td><td></td><td></td><td></td><td></td><td></td></tr>
<tr><td></td><td></td><td></td><td></td><td></td><td></td></tr>
<tr><td></td><td></td><td></td><td></td><td></td><td></td></tr>
<tr><td></td><td></td><td></td><td></td><td></td><td></td></tr>
</table>

<table>
<tr><td rowspan="11">设计评审验证确认</td><td rowspan="4">设计评审</td><td rowspan="2">评审方式</td><td colspan="4">■专业评审</td></tr>
<tr><td colspan="4">□院级评审</td></tr>
<tr><td rowspan="2">评审时间</td><td colspan="4">专业评审:××年××月××日</td></tr>
<tr><td colspan="4">院级评审:</td></tr>
<tr><td rowspan="2">设计验证</td><td>验证方式</td><td colspan="4">对设计文件进行校对、审核和审定</td></tr>
<tr><td>验证时间</td><td colspan="4">年　月　日</td></tr>
<tr><td>图纸会签</td><td>会签时间</td><td colspan="4">年　月　日</td></tr>
<tr><td rowspan="5">设计确认</td><td rowspan="4">确认方式</td><td colspan="3">政府职能部门或上级主管部门开展的施工图审查</td><td>□</td></tr>
<tr><td colspan="3">根据顾客要求进行的设计审查</td><td>□</td></tr>
<tr><td colspan="3">顾客组织的施工图会审(设计交底)</td><td>■</td></tr>
<tr><td colspan="3">顾客认可的其他方式</td><td>□</td></tr>
<tr><td>确认时间</td><td colspan="4">年　月　日</td></tr>
</table>

工程项目设计策划书(续)

品质管理要求	1) 本策划书等同项目质量计划(保证大纲); 2) 识别设计的关键因素和薄弱环节并确定相应措施; 3) 专业设计与可靠性、维修性、保障性、测试性、安全性、环境适应性等的结合; 4) 新技术和新材料的应用把关; 5) 加强与甲方的沟通
项目资料管理	专业负责人(设计人)负责随时收集与工程项目有关的技术文件和资料及为工程项目实现过程和质量管理活动提供证据所需的记录,在××室建档保存,待工程项目结束时,整理编目,随设计输出文件上交工程总负责人,按《工程项目文件建档归档实施细则》要求一并归档
现场技术服务	1) 根据顾客的要求和现场工作需要决定是否派驻现场设计代表; 2) 驻现场设计代表主动与顾客和施工方沟通,了解工程进度,及时解决施工中与工程设计有关的问题; 3) 结合施工图技术交底和工程竣工验收活动收集顾客对设计质量的反馈意见,进行工程回访和顾客满意度调查,运用统计技术对顾客提出的意见进行统计和分析,针对顾客提出的问题制定和落实整改措施
其他	

附录 B　设计条件登记表

设计条件登记表

序　号	条件名称	形　式		提出专业	接收专业	提出人	接收人	接收时间	备　注
		图	表						
	××工程××控制要求	√	√	工艺	自控				
	××工程××配电要求	√		自控	电气				
	××工程××通信要求	√		自控	通信				
	××工程××建筑要求	√		自控	建筑				
	××工程××结构要求	√		自控	结构				

注:各类条件均应由设计人提出。主导专业工艺条件与建筑中间图由接收专业的研究室主任签收;互提及回
　条件由接收专业的设计人在专业负责人指导下核实签收。此表由各专业设计人建档、保存至项目竣工
　验收后销毁。

附录C 设计输入评审记录表

设计输入评审记录表

工程名称及项目代号:××工程××控制系统

设计阶段	方案设计□ 初步设计□ 施工图设计■	日 期	年 月 日
参加评审人员			
主要功能与技术指标			
评审内容	合同□ 委托任务书□ 机关指示精神□ 地勘报告■ 其他 <u>工艺专业要求</u>		
对设计输入的修改、补充及建议	无		
评审结论	■ 设计输入充分　　　　　　　　□ 不充分 ■ 设计输入适宜　　　　　　　　□ 不适宜 ■ 设计输入完整清楚　　　　　　□ 不完整不清楚 ■ 设计输入互相协调、统一　　　□ 互相矛盾 ■ 满足环境和职业健康安全相关要求　□ 不满足		
其他要说明的问题	工程总设计师或项目经理:		

注:由工程总设计师或项目经理组织各专业负责人评审并填写该表,发送参加评审的专业,且本人留存一份,
　　待工程项目结束后,随项目设计文件归档。

附录 D 设计输入文件目录(自动控制专业)

设计输入文件目录(自动控制专业)

工程名称及项目代号:××工程××控制系统

序 号	文件名称	起止页码	备 注
1	低压配电设计规范		GB/T 50054—2011
2	通用用电设备配电设计规范		GB/T 50055—2011
3	国家电气设备安全技术规范		GB/T 19517—2023
4	爆炸危险环境电力装置设计规范		GB/T 50058—2014
5	爆炸性环境 第1部分:设备 适用要求		GB/T 3836.1—2021
6	××工程工艺专业控制条件		
设计人		主审人	日 期

注:本表由设计人填写、审定人或室级专家主审。设计输入文件目录一般包括:适用的法律、法规、规范及标准,本专业工艺要求,上一阶段设计输出文件目录,类似工程设计提供的经验教训等。

附录 E 设计评审记录表(自动控制专业)

设计评审记录表(自动控制专业)

工程名称 及项目代号	××工程××控制系统	项目级别	重点项目□ 一般项目■ 军品□		
设计人		设计阶段	方案设计□ 初步设计□ 施工图设计■		
参加评审人员					
评审内容及方案描述: 评审内容:××工程××控制系统施工图设计方案 施工图方案描述:					
评审意见: 1. 是否满足任务书(合同)及顾客使用功能性要求　　　　　　　　　■是　　□否 2. 相关法律法规及规范的要求(特别是强制性条文)是否明确　　■是　　□否 3. 是否满足总体工艺专业技术条件要求　　　　　　　　　　　　　■是　　□否 4. 是否已充分考虑节能环保安全　　　　　　　　　　　　　　　　■是　　□否 5. 方案比选、系统构成、主要设备的选型是否合理　　　　　　　　■是　　□否 6. 是否已充分考虑专业设计与可靠性、维修性、 　　保障性、测试性、安全性、环境适应性等的结合　　　　　　　■是　　□否 7. 经费概算是否合理,投资造价是否受控　　　　　　　　　　　　■是　　□否 8. 其他: 　结论: 　　××工程××控制系统初步设计系统设备选型合理,功能和性能满足使用要求,经费概算比较合理。					
改进结果及落实情况:					
工程设计总师 或项目经理		主审人		日　期	

注:重点项目或军品项目主审人为专业专家组组长;一般项目的主审人为审定人。该表随设计文件一并存档。

附录 F 自动控制专业设计
输出文件校审记录表

自动控制专业设计输出文件校审记录表

编号：

工程代号	××工程		项目名称		××控制系统		
设　计		校　对		审　核		审　定	
文件名称·页码 或图纸·张号	校对、审核、审定意见					处理结果	
						设计人	校审人

注：1. 当该表用于非标准设备专业时，"工程代号"栏填写非标准设备专业的图号。

　　2. 当校对、审核、审定人合用一张表填写时，校审人除在"签字栏"签署姓名外，尚须在"校对、审核、审定意见"栏内，在校对、审核、审定意见前标明"校对意见"或"审核意见"或"审定意见"，在校审意见后签署姓名和日期；设计人注明对校审意见的处理结果，并签署姓名和日期；校审人确认后签署姓名和日期。

附录 G 自动控制专业设计质量等级评定表

自动控制专业设计质量等级评定表

工程代号		××工程		项目名称	××控制系统		
	序 号	质量检查内容	满 分	质量评定标准		评分范围	得分
基本质量	一	国家建设方针、政策,现行各级规范、规定、标准、规程以及批准的初步设计文件	20	1. 全面贯彻执行,均能符合要求		18～20	
				2. 基本贯彻执行,主要原则符合		15～18	
				3. 贯彻执行不力,主要原则不符合		12～15	
				4. 严重违反,不符合要求		0	
	二	系统设计,线路布置,设备选型,材料、仪表选用,安全可靠,能源消耗,经济指标,施工安装,管理维修	30	1. 经济合理,恰当、方便		27～30	
				2. 基本经济合理,恰当、方便		22～27	
				3. 不够经济合理,有明显欠缺		18～22	
				4. 不符合要求,技术落后,质量低劣		0	
	三	设计依据,原则数据、结果,与图纸的吻合性	20	1. 正确、清晰、齐全、合理、可靠		18～20	
				2. 基本正确、比较齐全、清晰		15～18	
				3. 不够正确、合理、可靠		12～15	
				4. 无依据、概念错误、技术、方案有重大差错		0	
	四	制图标准,设计深度,三审制度执行,专业会签,图面质量,设计差错	20	1. 均能达到标准和深度,表达正确,图面清晰无差错		18～20	
				2. 基本达到标准和深度,表达基本正确,图面较清晰,差错少		15～18	
				3. 不够符合,图面质量较差		12～15	
				4. 违反原则、不安全、不可靠、严重不符合		0	
基本质量得分							
		创优内容	满 分	创优评定标准		评分范围	得 分
优秀质量		系统设计,应用新技术、新工艺、新设备、新材料等,综合效益	10	1. 设计创新,技术先进,具有国内同类设计先进水平		9～10	
				2. 具有行业内同类设计先进水平		8～9	
				3. 达到本院同类设计领先水平		6～8	
总计得分							
质量等级							

评定人签字: 　　　　　　　　　　　　　　　　　　　　　　　　年　　月　　日

附录 H 自动控制专业院审记录单

自动控制专业院审记录单

编号：

工程代号	××工程	项目名称	××控制系统	阶　段	施工	建筑面积/m²	
主要设计人			已评专业质量等级	优	已评综合质量等级		优
送审时间	年　月　日		计划完成时间			年　月　日	
审 查 意 见						处 理 结 果	
审查后专业质量等级			审查人：			年　月　日	

附录 I 施工图交底记录单

施工图交底记录单

编号：

工程代号	××工程		项目名称	××控制系统	
建设地点			项目级别		
建设单位			建设单位联系人		××
施工单位			施工单位技术负责人		
专　业	自控				
交底人					
交底日期	××年××月××日		交底地点	填表日期	××年××月××日

填表人			工程设计总师或项目经理	

注：本表一式多份——归档、各交底专业。由工程设计总师或项目经理负责报送。

212

附录 J 技术交底会议记录

技术交底会议记录

编号

工程代号	××工程	项目名称	××控制系统
时　　间	××年××月××日	地　　点	
参加人员			
会　议　内　容			

项目负责人：　　　　　　　　　　　　　　记录人：

附录 K　设计确认记录表

设计确认记录表

工程名称及项目代号	××工程××控制系统		建设单位	
设计阶段	方案设计□　初步设计□　施工图设计■		交付时间	××年××月××日
确认方式 （任选 其一）	1) 根据顾客要求进行的设计审查　　　　　　　　□ 2) 政府职能部门或上级主管部门开展的设计审查　■ 3) 顾客组织的施工图会审(设计交底)活动　　　　■ 4) 顾客认可的其他方式：_____			
确认意见： 施工图设计要素全面、符合相关规范要求，满足建设要求 确认单位：(盖章)　　　　　　　　　联系人：　　　　　日期：				
其他需要说明的问题： 工程设计总师或项目经理： 日期：				

注：1. "意见栏"内如填写不下可另附页。

　　2. 确认方式按实际情况填写，其他确认方式包括电话确认、会议评审等方式。

214

附录L 工程设计修改通知单

工程设计修改通知单

工程代号	××工程	项目名称	××控制系统		编 号	
接收单位					日 期	
修改原因	甲方要求 ☑ 施工原因 □ 设计原因 □ 其他 □				专 业	
	原因描述：					

修改内容

原设计内容	修改后内容

院 长		总工程师		工程设计总师		室主任	
审 定 人		审 核 人		专业负责人		承办人	

会签栏	专业						
	签名						

填写说明	1. 本表适用于本所承担的工程勘察设计、工程承包及系统集成项目的更改；文字性更改内容可直接采用本表，需附图说明的可添加附页（图）并在本表中对修改前后变更情况进行文字性概括描述； 2. 如工程设计修改不涉及方案变动、造价变更和其他专业调整，则经工程设计总师最终签字后即可生效

215

附录 M 设计项目完成报告单

设计项目完成报告单

编号：

项目\内容	工程代号	××工程							项目名称										××控制系统	设计阶段		
		建筑	结构	电气	暖通	给排水	概(预)算	总图	工艺	油气	非标	自控	通信	道桥	钻探	测量	计算机	情报		建筑面积	合计	
图纸量自然张 标准张																						标准张
耗用工日/个																						
分配比/%																						
专业质量																						
概算																						
产值计算 取费标准									综合质量评定				设计进度				总概算		计划完成时间		计划完成时间	
调整系数																			实际完成时间		实际完成时间	
产值																						
图纸 计划归档时间 归档 实际归档时间									备注													
室主任																		工程设计总师或项目经理				

注：(1) 本表一式两份，设计研究室和计划科各执一份。

(2) 本表经工程设计总师或项目经理审核产值、进度、概算、工程量等内容，并签字后方能生效。

附录 N 工程设计产品环境因素识别表

工程代号及项目名称：×××工程××控制系统

工程设计产品环境因素识别表一

序号	活动产品或服务	环境因素	排放方向	状态 正常	状态 异常	时态 紧急	时态 现在	时态 过去	时态 将来	环境影响类型 大气污染	环境影响类型 水体污染	环境影响类型 土地污染	环境影响类型 废物污染	环境影响类型 社区污染	环境影响类型 资源能源消耗	环境影响类型 能量释放
1	自动控制	电力消耗	能源使用	√			√								√	
2		设备噪声	周围空间	√			√									√
3		电子产品对环境造成的电磁辐射等污染	周围空间		√		√		√					√		
4		电子产品废弃后对环境造成的污染	土地污染		√				√				√			

编制：   （日期）   审核：   （日期）   批准：   （日期）

工程设计产品环境因素识别表二

工程代号及项目名称：××工程××控制系统

序号	活动、产品或服务	环境因素	排放方向	环境影响	时态/状态	是非判断法	重要性评价 a	b	c	d	e	M	重要环境因素
1		电力消耗	能源使用	能源消耗	现在/正常	是							
2		设备噪声	周围空间	人身健康	现在/正常	非	4	2	1	3	2	12	
3	自动控制	电子产品对环境造成的电磁辐射等污染	周围空间	人身健康、环境污染	现在/正常 将来/异常	非	3	2	1	3	2	11	
4		电子产品废弃后对环境造成的污染	土地污染	人身健康、环境污染	将来/异常	非	4	2	1	2	2	11	是

编制： （日期） 审核： （日期） 批准： （日期）

附录 O 工程设计产品重要环境因素清单

工程工号及项目名称：××工程××控制系统

工程设计产品重要环境因素清单

序号	重要环境因素	活动，产品或服务	环境影响	时态/状态	是非判断法	重要性评价					管理方式
						a	b	c	d	e	M	
1	电力消耗	自动控制	能源消耗	现在/正常	是							优化设计，选用节能产品

编制：   （日期）   审核：   （日期）   批准：   （日期）

附录 P 自动控制相关标准

序 号	标准编号	标准名称	备 注
1	GB/T 15969.1—2007/IEC 61131-1:2003	可编程序控制器 第1部分:通用信息	公开
2	GB/T 15969.2—2008/IEC 61131-2:2007	可编程序控制器 第2部分:设备要求和测试	公开
3	GB/T 15969.3—2017/IEC 61131-3:2013	可编程序控制器 第3部分:编程语言	公开
4	GB/T 15969.4—2007/IEC 61131-4:2004	可编程序控制器 第4部分:用户导则	公开
5	GB/T 15969.5—2002/IEC 61131-5:2000	可编程序控制器 第5部分:通信	公开
6	GB/T 15969.6—2015/IEC 61131-6:2012	可编程序控制器 第6部分:功能安全	公开
7	GB/T 15969.7—2008/IEC 61131-7:2000	可编程序控制器 第7部分:模糊控制编程	公开
8	GB/T 15969.8—2007/IEC/TR 61131-8:2003	可编程序控制器 第8部分:编程语言的应用和实现导则	公开
9	GB/T 15969.9—2021/IEC 61131-9:2013	可编程序控制器 第9部分:用于小型传感器和执行器 的单点数字通信接口(SDCI)	公开
10	GB/T 20438.1—2017/IEC 61508-1:2010	电气/电子/可编程电子安全相关系统的功能安全 第1部分:一般要求	公开
11	GB/T 20438.2—2017/IEC 61508-2:2010	电气/电子/可编程电子安全相关系统的功能安全 第2部分:电气/电子/可编程电子安全相关系统的要求	公开
12	GB/T 20438.3—2017/IEC 61508-3:2010	电气/电子/可编程电子安全相关系统的功能安全 第3部分:软件要求	公开
13	GB/T 20438.4—2017/IEC 61508-4:2010	电气/电子/可编程电子安全相关系统的功能安全 第4部分:定义和缩略语	公开
14	GB/T 20438.6—2017/IEC 61508-6:2010	电气/电子/可编程电子安全相关系统的功能安全 第6部分:GB/T 20438.2 和 GB/T 20438.3 的应用指南	公开

序　号	标准编号	标准名称	备　注
15	GB/T 20438.7—2006/IEC 61508-7:2000	电气/电子/可编程电子安全相关系统的功能安全 第7部分:技术和措施概述	公开
16	GB/T 30976.1—2014	工业控制系统信息安全 第1部分:评估规范	公开
17	GB/T 30976.2—2014	工业控制系统信息安全 第2部分:验收规范	公开
18	GB/T 33008.1—2016	工业自动化和控制系统网络安全 可编程序控制器(PLC) 第1部分:系统要求	公开
19	GB/T 33009.1—2016	工业自动化和控制系统网络安全 集散控制系统(DCS) 第1部分:防护要求	公开
20	GB/T 33009.2—2016	工业自动化和控制系统网络安全 集散控制系统(DCS) 第2部分:管理要求	公开
21	GB/T 33009.3—2016	工业自动化和控制系统网络安全 集散控制系统(DCS) 第3部分:评估指南	公开
22	GB/T 33009.4—2016	工业自动化和控制系统网络安全 集散控制系统(DCS) 第4部分:风险与脆弱性检测要求	公开
23	GB/T 36009—2018	可编程序控制器性能评定方法	公开
24	GB/T 36011—2018	可编程序控制器抽样检查和例行试验方法	公开
25	GB/T 37391—2019	可编程序控制器的成套控制设备规范	公开
26	GB/T 36630.1—2018	信息安全技术 信息技术产品安全可控评价指标 第1部分:总则	公开
27	GB/T 36630.2—2018	信息安全技术 信息技术产品安全可控评价指标 第2部分:中央处理器	公开
28	GB/T 36630.3—2018	信息安全技术 信息技术产品安全可控评价指标 第3部分:操作系统	公开
29	GB/T 36630.4—2018	信息安全技术 信息技术产品安全可控评价指标 第4部分:办公套件	公开
30	GB/T 36630.5—2018	信息安全技术 信息技术产品安全可控评价指标 第5部分:通用计算机	公开
31	GB/T 156—2017	标准电压	公开
32	GB/T 2887—2011	计算机场地通用规范	公开
33	GB/T 3766—2015	液压传动系统及其元件的通用规则和安全要求	公开
34	GB/T 3811—2008	起重机设计规范	公开
35	GB/T 3836.15—2017	爆炸性环境 第15部分:电气装置的设计、选型和安装	公开
36	GB/T 4205—2010/ IEC 60447:2004	人机界面标志标识的基本和安全规则 操作规则	公开

序 号	标准编号	标准名称	备 注
37	GB/T 5226.1—2019/IEC 60204-1:2016	机械电气安全 机械电气设备 第1部分:通用技术条件	公开
38	GB/T 5959.1—2019	电热和电磁处理装置的安全 第1部分:通用要求	公开
39	GB/T 7251.8—2020	低压成套开关设备和控制设备 第8部分:智能型成套设备通用技术要求	公开
40	GB/T 9089.2—2023	户外严酷条件下的电气设施 第2部分:一般防护要求	公开
41	GB/T 9089.4—2008/IEC 60621-4:1981	户外严酷条件下的电气设施 第4部分:装置要求	公开
42	GB 9089.5—2008/IEC 60621-5:1987	户外严酷条件下的电气设施 第5部分:操作要求	公开
43	GB 14050—2008	系统接地的型式及安全技术要求	公开
44	GB/T 16316—1996	电气安装用导管配件的技术要求 第1部分:通用要求	公开
45	GB/T 16657.2—2008/IEC 61158-2:2007	工业通信网络 现场总线规范 第2部分:物理层规范和服务定义	公开
46	GB 16808—2008	可燃气体报警控制器	公开
47	GB/T 16855.1—2008/ISO 13849-1:2006	机械安全 控制系统有关安全部件 第1部分:设计通则	公开
48	GB 18209.1—2010/IEC 61310-1:2007	机械电气安全 指示、标志和操作 第1部分:关于视觉、听觉和触觉信号的要求	公开
49	GB/T 19215.1—2003	电气安装用电缆槽管系统 第1部分:通用要求	公开
50	GB/T 21671—2018	基于以太网技术的局域网(LAN)系统验收测试方法	公开
51	GB 50019—2015	工业建筑供暖通风与空气调节设计规范	公开
52	GB 50058—2014	爆炸危险环境电力装置设计规范	公开
53	GB 50084—2017	自动喷水灭火系统设计规范	公开
54	GB 50093—2013	自动化仪表工程施工及质量验收规范	公开
55	GB 50168—2018	电气装置安装工程 电缆线路施工及验收标准	公开
56	GB 50174—2017	数据中心设计规范	公开
57	GB 50243—2016	通风与空调工程施工质量验收规范	公开
58	GB 50257—2014	电气装置安装工程 爆炸和火灾危险环境电气装置施工及验收规范	公开
59	GB 50314—2015	智能建筑设计标准	公开
60	GB 50343—2012	建筑物电子信息系统防雷技术规范	公开
61	GB 50898—2013	细水雾灭火系统技术规范	公开
62	GB 50974—2014	消防给水及消火栓系统技术规范	公开

序　号	标准编号	标准名称	备　注
63	GB 51251—2017	建筑防烟排烟系统技术标准	公开
64	GB 50054—2011	低压配电设计规范	公开
65	GB 50093—2013	自动化仪表工程施工及质量验收规范	公开
66	GB 50150—2016	电气装置安装工程 电气设备交接试验标准	公开
67	GB 50166—2019	火灾自动报警系统施工及验收标准	公开
68	GB 50169—2016	电气装置安装工程 接地装置施工及验收规范	公开
69	GB 50171—2012	电气装置安装工程 盘、柜及二次回路接线施工及验收规范	公开
70	GB/T 50252—2018	工业安装工程施工质量验收统一标准	公开
71	GB 50256—2014	电气装置安装工程 起重机电气装置施工及验收规范	公开
72	GB 50300—2013	建筑工程施工质量验收统一标准	公开
73	GB 50303—2015	建筑电气工程施工质量验收规范	公开
74	GB 50339—2013	智能建筑工程质量验收规范	公开
75	GB 51321—2018	电子工业厂房综合自动化工程技术标准	公开
76	GB/T 51342—2018	电子工程节能施工质量验收标准	公开
77	GB/T 51374—2019	火炸药环境电气安装工程施工及验收标准	公开
78	GB/T 20438.5—2017/IEC 61508-5:2010	电气/电子/可编程电子安全相关系统的功能安全 第5部分:确定安全完整性等级的方法示例	公开

参考文献

[1] 何利民,尹全英.电气制图与读图[M].3版.北京：机械工业出版社,2012.

[2] 承德石油高等专科学校电气与电子系.PLC应用技术教案[Z].

[3] 宋伯生.PLC编程理论、算法及技巧[M].北京：机械工业出版社,2005.

[4] 西门子股份有限公司.STEP 7 V5.1编程使用手册[Z].